U0799499

高职高专"十二五"规划教材

冶金原理

主编　刘韶华

北京
冶金工业出版社
2015

内 容 提 要

“冶金原理”是冶金技术专业的一门专业基础课程，是衔接基础课与专业课的桥梁，对学生基础知识和专业知识的学习具有承上启下的重要作用。本书内容包括冶金热力学基础、冶金熔体、火法冶金基础、湿法冶金基础、氯化冶金几个方面。教学中可根据不同要求对内容进行取舍。

本书可作为高职高专冶金技术专业教学用书，也可供冶金类专业技术人员参考。

图书在版编目(CIP)数据

冶金原理 / 刘韶华主编．—北京：冶金工业出版社，2015.8

高职高专“十二五”规划教材

ISBN 978-7-5024-7000-5

Ⅰ.①冶…　Ⅱ.①刘…　Ⅲ.①冶金—高等职业教育—教材　Ⅳ.①TF01

中国版本图书馆 CIP 数据核字(2015)第 166098 号

出 版 人　谭学余
地　　址　北京市东城区嵩祝院北巷 39 号　邮编　100009　电话　(010)64027926
网　　址　www.cnmip.com.cn　电子信箱　yjcbs@cnmip.com.cn
责任编辑　俞跃春　王雪涛　杨盈园　美术编辑　杨　帆　版式设计　葛新霞
责任校对　石　静　责任印制　牛晓波
ISBN 978-7-5024-7000-5
冶金工业出版社出版发行；各地新华书店经销；固安华明印业有限公司印刷
2015 年 8 月第 1 版，2015 年 8 月第 1 次印刷
787mm×1092mm　1/16；10 印张；241 千字；152 页
30.00 元

冶金工业出版社　投稿电话　(010)64027932　投稿信箱　tougao@cnmip.com.cn
冶金工业出版社营销中心　电话　(010)64044283　传真　(010)64027893
冶金书店　地址　北京市东四西大街 46 号(100010)　电话　(010)65289081(兼传真)
冶金工业出版社天猫旗舰店　yjgycbs.tmall.com

(本书如有印装质量问题,本社营销中心负责退换)

前言

“冶金原理”是冶金技术专业的一门专业基础课程，是衔接基础课与专业课的桥梁，对学生基础知识和专业知识的学习具有承上启下的重要作用。本书的编写是从职业活动分析出发，在以职业岗位需求为目标，以实际工作过程、职业能力培养为主线，以学生认知规律为突破口，以学习过程与工作过程相结合、理论学习与实践训练相结合、课堂教学与课外自学相结合的教材编写理念指导下，基于“项目导向、任务驱动”的项目化教学方式编写的，体现了“课程建设合作化、教学内容职业化、教学做一体化”的课程设计原则，体现了职业教育的可拓展性、职业性、实践性、开放性。全书的内容包括冶金热力学基础、冶金熔体、火法冶金基础、湿法冶金基础、氯化冶金几个方面。教学中可根据不同要求对内容进行取舍。

本书力求简明扼要、深入浅出，适于作为高职高专冶金技术专业教学用书，也可供冶金类专业人员参考。

本书是校企共建、合作编写的教材。其中学习情境1由四川机电职业技术学院的刘韶华、黄兰粉编写，学习情境2由刘韶华编写，学习情境3由四川机电职业技术学院的夏玉红、王勇和攀钢集团研究院有限公司的陈亮编写，学习情境4由刘韶华编写，学习情境5由黄兰粉编写。本书由刘韶华担任主编。

本书在编写过程中，参阅了大量国内外的文献资料，但由于篇幅有限，部分参考文献在书中没有列出，恳请各位著者及读者原谅，在此向所有文献资料的作者致以衷心的感谢！

由于成书仓促，再加上编者经验不足、水平有限，书中的不妥之处敬请专家和读者批评指正。

编　者

2014年6月

目　录

0 绪 论

0.1 冶金的发展历程

“冶金”广义上是指金属矿物的勘探、开采、选矿、冶炼和有色金属及其合金、化合物的加工等过程。狭义上是指从含有金属的物料，如矿石、精矿或冶炼过程中间产物中提取纯金属或制取金属化合物，乃至生产合金的过程。在习惯上又常将冶金称为冶炼。

人类远古时代最早使用的金属是各类自然存在的金属单质，比如自然铜、陨铁、金和铂，这时期并没有称之为冶炼的技术，主要是直接获取单质金属熔化使用。天然金属资源毕竟有限，为了获得更多的金属，必须依靠冶炼方法，从矿石制取金属。人类在寻找石器过程中认识了矿石，并在烧陶过程中，逐渐创造了冶金技术。金属冶炼和金属工具的制作与使用，是人类从蒙昧到文明的转折点并对人类社会的历史发展具有重大作用。作为最早被人们冶炼和使用的金属之一，铜在历史上的作用是毋庸置疑的。铜的冶炼分为了两个阶段：早期炼铜技术和青铜阶段。已知世界最早的人工冶炼的铜器出土于伊朗叶海亚（Yahya）地区（约公元前3800年以前），含有少量砷（0.3%～3.7%），其中有的经过铸造、冷加工和退火。在甘肃东乡县林家马家窑文化遗址中发现的距今约5000年的青铜刀，以及在其他一些新石器晚期遗址中相继发现的早期铜器和铜渣等，标志着中国冶金业的诞生。人类最早炼铁是在黑海南岸山区，距今已有3000多年的历史，我国使用铁器的历史也有2500多年；从使用石器、陶器进入使用金属，是人类文明的重大飞跃。在新石器时期，人类开始使用金属，此时的制陶技术（用高温还原气氛烧制黑陶）促进了冶金的发展，为人类提供了青铜、铁等金属及各种合金材料，人们用这些材料制造生活用具、生产工具和武器等，大大提高了社会生产力，极大地推动了社会的文明进步。

0.2 冶金生产过程

冶金生产已有数百年的历史，形成大规模的工业生产也有百年以上。一般来说，冶金过程包括：预备处置、熔炼和精炼三个循序渐进的作业过程。现代冶金中上述冶金作业的工艺流程和方法是多种多样的。根据各种方法的特点，由于矿石性质和成分、能源、环境保护以及技术条件等情况的不同，冶金生产大体上可归纳为三类：火法冶金、湿法冶金、电冶金。

纵观大工业冶金生产技术发展的历史，冶金生产过程大体上可以分为以下阶段：

第一阶段大致到20世纪40年代，冶金生产工艺过程的基本模式是：炼焦→烧结→高炉冶炼→平炉冶炼→铸锭→初轧开坯→成品轧制。

第二个阶段工艺流程的特点是有轧钢生产，即半成品生产和成品生产，形成了不同类型的轧钢生产系统。进入20世纪50年代，奥地利发明了纯氧顶吹转炉炼钢法，在此前后，前苏联、瑞士又发明了连续铸钢法。纯氧顶吹转炉炼钢法的应用，大大提高了炼钢效率，缩短了钢的冶炼时间，而连续铸钢技术的发展，省去了铸锭、均热、初轧开坯等工序，使冶金生产过程的能耗降低到一个新水平，并使钢的收得率提高了8%～10%，与此同时，轧钢生产向连续化方向发展，各类连续式轧机相继出现，这时冶金生产工艺过程的基本模式是：炼焦→烧结→高炉冶炼→转炉冶炼→连铸→各类成品轧机轧制。这种工艺流程的特点是：平炉炼钢逐步被转炉炼钢代替；连铸坯作为轧钢生产的原料得到广泛采用和连轧技术在更为广泛的范围内得到推广和应用，初轧开坯的作用逐步降低。

这种新工艺流程，简化了轧钢生产系统，使冶金企业取得了明显的经济效益。进入20世纪80年代，冶金生产过程又发生了新的变化，出现了冶金生产工艺过程的新模式：电炉（炉外精炼）→连铸→成品连轧这种新的流程被称为短流程。

0.2.1　生产原料

矿物是地壳中具有相对固定的化学组成和物理性质的天然化合物或自然元素，在各种地质作用中产生和发展着的。矿物一般是自然产出且内部质点（原子、离子）排列有序的均匀固体，呈固态者还具有确定的内部结构；它是组成岩石和矿石的基本单元。其化学成分一定并可用化学式表达。能够为人类利用的矿物，称为有用矿物。含有有用矿物的矿物集合体，如其中金属的含量在现代技术经济条件下能够回收加以利用时，这个矿物集合称为矿石。

在矿石中，除了有用矿物之外，几乎总是含有一些废石矿物，这些矿物称为脉石，所以矿石由两部分构成，即有用矿物和脉石。矿石按所含有用矿物性质和利用的特征分为金属矿石和非金属矿石两大类。金属矿石是指在现代技术经济条件下可从其中获得金属的矿石。矿石中有用成分（元素或矿物）质量和矿石质量之比称为矿石品位，金、铂等贵金属矿石用克/吨表示，其他矿石常用百分数表示。常用矿石品位来衡量矿石的价值，但同样有效成分矿石中脉石（矿石中的无用矿物或有用成分含量甚微而不能利用的矿物）的成分和有害杂质的多少也影响矿石价值。矿石的品位越低，则获得每吨金属的冶炼费用就越高。所以，为了降低冶炼费用总希望矿石品位越高越好。各种选矿方法是提高矿石品位的手段。精矿是通过选矿作业处理后，除去了大部分的脉石与杂质得出的有用成分富集的产品，它的矿物化学组成、粒度及含水量均需满足冶炼厂或其他工业过程的要求，一般作为冶炼的原料。最终精矿要使其主要成分及杂质含量都达到国家标准，才能称为合格精矿。

0.2.2　生产产品

金属具有良好的导电性、导热性与力学性能，且金属元素在化合物中通常带正价电，但当温度越高时，因为受到了原子核的热震荡阻碍，电阻将会变大。金属分子之间的联结是金属键，因此随意更换位置都可再重新建立联结，这也是金属伸展性良好的原因。金属的种类繁多，通常人们根据金属的颜色和性质等特征，将金属分为黑色金属和有色金属两大类。

合金是由两种或两种以上的金属或金属与非金属经一定方法所合成的具有金属特性的物质，一般通过熔合成均匀液体和凝固而得。根据组成元素的数目，可分为二元合金、三元合金和多元合金。中国是世界上最早研究和生产合金的国家之一，在商朝（距今3000多年前）青铜（铜锡合金）工艺就已非常发达；公元前6世纪左右（春秋晚期）已锻打（还进行过热处理）出锋利的剑（钢制品）。合金的生成常会改善元素单质的性质，例如，钢的强度大于其主要组成元素铁。合金的物理性质，例如密度、反应性、杨氏模量、导电性和导热性可能与合金的组成元素尚有类似之处，但是合金的抗拉强度和抗剪强度却通常与组成元素的性质有很大不同。这是由于合金中的原子排列与单质中的原子排列有很大差异。

黑色金属主要指铁、锰、铬及其合金，如钢、生铁、铁合金、铸铁等。

有色金属：除铁、铬、锰之外的金属。对于众多的有色金属，人们按照它们的性质、用途、分布及储量等的不同，又将其分为四类：重金属、轻金属、贵金属和稀有金属。

重金属：密度大，在$7\sim11g/cm^3$之间，包括铜、铅、锌、锡、镍、钴等。

轻金属：密度小于$5g/cm^3$，包括铝、镁、钙、钾、钠和钡等。化学活性大、与氧、硫、碳和卤素的化合物都相当稳定。所以这类金属多采用熔盐电解法及金属热还原法提取。

贵金属：它们的特点是密度大（$0.4\sim22.4g/cm^3$），其中铂、铱、锇是金属元素中最重的几种金属；熔点高（916～3000℃）；化学性质稳定，能抵抗酸、碱，难于腐蚀（除银和钯外）。另外，金和银具有高度的可锻性和可塑性，钯和铂也有良好的可塑性，其他均为脆性金属。贵金属价值比一般金属贵，包括：金、银、铂以及铂族元素。在西方发达国家里，甚至在一些发展中国家里，金和银一直是作为货币储备的，或者用作装饰品。贵金属在工业上则广泛应用于电气、电子工业、宇宙航空工业，以及高温仪表和接触剂等。贵金属在工业上特别是原子能工业上的应用，已经越来越广泛。

稀有金属：稀有金属指那些发现较晚、在工业上应用较迟、在自然界中分布分散以及在提炼方法上比较复杂的金属。事实上，很多稀有金属并不是其在地壳中含量少，只是历史沿袭的习惯而已。

0.2.3 生产方法

在现代冶金中，由于矿石（或精矿）性质和成分、能源、环境保护以及技术条件等情况的不同，冶金方法是多种多样的。冶金方法细分为三类：火法冶金、湿法冶金、电冶金。粗略划分为两类：火法冶金、湿法冶金。

火法冶金：指在高温下从矿石（精矿）中提取金属的方法。

湿法冶金：在低温下用熔剂处理矿石或精矿，使所要提取的金属溶解在溶液中，而其他杂质不溶解，通过液固分离制得含金属的净化液，然后再从净化液中将金属提取和分离出来（过程包括：浸出、净化、金属制取）。

电冶金：利用电能提取、精炼金属的方法，分为电热冶金和电化学冶金。

电热冶金：是利用电能转变为热能，在高温下提炼金属。与火法冶金类似。两者的不同点是电热冶金的热能是由电能转换的，而火法冶金的热能主要是由燃料燃烧产生的。

电化学冶金：是利用电化学反应，使金属从含金属盐类的溶液中析出。

0.2.3.1 火法冶金

火法冶金是在高温条件下进行的冶金过程。矿石或精矿中的部分或全部矿物在高温下经过一系列物理化学变化，生成另一种形态的化合物或单质，分别富集在气体、液体或固体产物中，达到所要提取的金属与脉石及其他杂质分离的目的。实现火法冶金过程所需热能，通常是依靠燃料燃烧来供给，也有依靠过程中的化学反应来供给的，比如，硫化矿的氧化焙烧和熔炼就无需由燃料供热；金属热还原过程也是自热进行的。火法冶金包括：干燥、焙解、焙烧、熔炼、精炼、蒸馏等过程。

0.2.3.2 湿法冶金

湿法冶金是在溶液中进行的冶金过程。湿法冶金温度不高，一般低于100℃，现代湿法冶金中的高温高压过程，温度也不过200℃左右，极个别情况温度可达300℃。湿法冶金能处理低品位矿和贫矿，原料中的有价金属综合回收程度高，有利于环境保护，并且生产过程较易实现连续化和自动化。湿法冶金包括：浸出、净化、制备金属等过程。

用适当的溶剂处理矿石或精矿，使要提取的金属成为某种离子（阳离子或络阴离子）形态进入溶液，而脉石及其他杂质则不溶解，这样的过程称为浸出。浸出后经沉积和过滤，得到含金属（离子）的浸出液和由脉石矿物构成的不溶残渣（浸出渣）。对某些难浸出的矿石或精矿，在浸出前常常需要进行预备处理，使被提取的金属转变为易于浸出的某种化合物或盐类。例如，转变为可溶性的硫酸盐而进行的硫酸化焙烧等，都是常用的预备处理方法。

在浸出过程中，常常有部分金属或非金属杂质与被提取金属一道进入溶液，从溶液中除去这些杂质的过程称为净化。

用置换、还原、电积等方法从净化液中将金属提取出来的过程称为制备金属。

0.2.4 生产流程

火法冶金常见生产流程包括：原料准备（破碎、磨制、筛分、配料等）、原料炼前处理（干燥、煅烧、焙烧、烧结、造球）、熔炼（氧化、还原、造渣、卤化等）、吹炼、蒸馏、熔盐电解、火法精炼等过程。

湿法冶金常见生产流程包括：原料准备（破碎、磨制、筛分、配料等）、原料预处理（干燥、煅烧、焙烧）、浸出或溶出、净化、沉降、浓缩、过滤、洗涤、水溶液电解或水溶液电解沉积等过程。

根据不同金属生产的要求和需要不同，生产工艺流程也各异，但是在现代金属生产中，一般火法与湿法并用。因为火法冶金和湿法冶金各有优缺点，可以互补。火法冶金具有生产效率高、流程短、设备简单及投资省的优点，缺点是不利于处理成分结构复杂的矿石或贫矿。湿法冶金具有弥补火法冶金缺点的优点，但缺点是流程长、占地面积大、设备设施投资大等。

图0－1和图0－2分别是钢铁冶金、湿法生产五氧化二钒的流程简图。

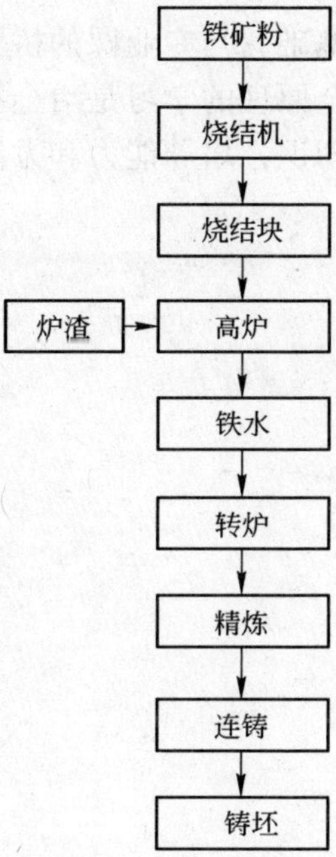

图0－1　钢铁冶金流程

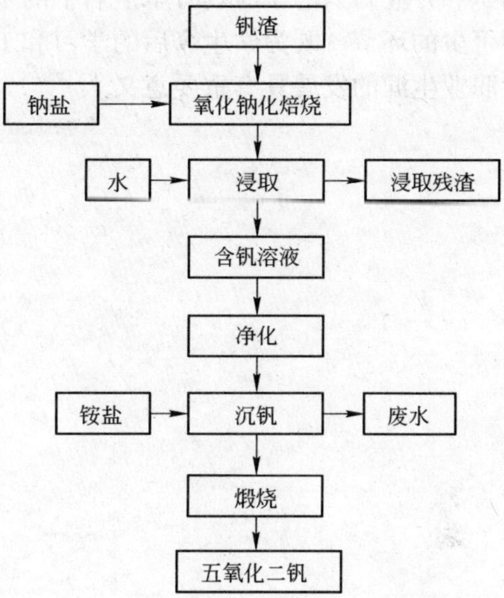

图0－2　湿法生产五氧化二钒流程

0.3　冶金原理的任务和目标

冶金原理主要研究和确定各种元素与其他化合物等在冶金过程中所遵循的具有普遍意义的物理化学规律，从而为有效地控制现有的生产工艺、改造旧工艺和发展新工艺提供理论根据。

冶金原理的研究对象是各冶金过程中的物理化学变化，包括冶金过程热力学、冶金过程动力学、冶金熔体，利用这些物理化学变化规律揭示冶金过程所遵循的内在的规律，并以此为依据指导生产实践。

通过冶金原理的学习使学生了解冶金生产过程的基本方法、基本过程、基本理论和基本规律，掌握冶金生产过程中的热平衡、力平衡、相平衡及化学平衡规律及相关计算，学会运用原理分析计算冶金过程的现象和问题，培养学生分析解决冶金生产实际问题的能力。通过冶金原理的学习，要达到以下目标：

（1）掌握应用化学热力学原理，研究冶金反应过程的可能性（方向）及最大产率（限度）以及确定控制，反应过程参数（温度、压力、浓度）的选择等。

（2）熟悉熔渣的有关理论，掌握熔渣物理化学性质变化的一般规律，达到控制冶金反应过程的目的，为更好地进行综合利用，提供理论依据。

（3）掌握冶金过程的主要反应（分解生成反应、分解反应、还原反应、氧化反应），能运用反应原理解释并解决冶金过程的实际问题。

（4）掌握氯化冶金的基本原理；熟悉钒钛生产过程中湿法冶炼单元的基本原理。

（5）能够进行冶金过程热力学、冶金熔体的一般计算。

(6) 具有分析判断、解决生产实际问题的能力。

冶金原理课程是冶金技术专业的一门核心课程，是衔接基础课与专业课的桥梁，对学生基础知识和专业知识的学习具有承上启下的重要作用。冶金原理的学习是冶金技术专业学生必不可少的环节，既为学生今后的学习和工作提供理论知识，培养能力和方法，也对学生今后职业生涯的发展具有重要意义。

学习情境1　冶金热力学基础

热力学涉及由热所产生的力学作用的领域，是研究热、功及其相互转换关系的一门自然科学。广义地说，热力学是研究系统宏观状态性质变化之间关系的学科。其主要内容是利用热力学第一定律计算化学反应的热效应；利用热力学第二定律解决化学反应的方向与限度以及与平衡有关的问题。热力学的研究成果对冶金生产起指导作用。

任务1.1　化学反应热效应的计算与应用

知识目标：

(1) 掌握化学反应热效应的计算方法；

(2) 熟悉热力学第一定律及相关函数 W、Q、H、U；

(3) 理解热力学、化学反应热效应的概念。

能力目标：

(1) 能熟练地应用盖斯定律由生成热与燃烧热计算常温下的冶金反应热效应；

(2) 会应用基尔霍夫定律计算不同温度下的冶金反应热效应。

1.1.1　任务描述

在生产实践与科学研究中，常会碰到这样一些问题：一个物理或化学过程发生后能量得失关系如何？是吸热还是放热？一个新的生产方案能否实现？如何确定最佳反应条件？在一定条件下反应的最高产量可达多少？热力学就是解决这些问题的。本任务主要介绍热力学的基础知识，及应用热力学的知识计算冶金生产过程的热效应。

1.1.2　相关知识

热力学是化学反应以及熔化、结晶、精馏、吸收、萃取等单元操作的理论基础，在生产工艺路线选择，生产工艺的改进，工业装置设计、操作条件确定等方面有重要的指导意义。如果热力学指出在某种条件下反应不能发生，则不必在该条件下进行实验，以免浪费人力物力；如果热力学的计算表明是可行的，但产率较低，就需要通过改变反应条件、寻找合适的催化剂等方法对生产工艺进行改善。

1.1.2.1　热力学基本概念

A　体系和环境

热力学把我们研究对象的物质世界的某一部分称为体系或者系统，而将体系以外，与体系有关的物质世界的其余部分定义为环境或外界。

体系可大可小，大到一座电弧炉及其几十吨钢液与炉渣，小到一个烧杯内盛装的少量水，一个系统最少包含一种物质，多者可由几种物质来组成。例如，炼钢过程中当钢水为体系时，与其有关的炉衬、炉渣及炉气则为环境。若研究脱硫、脱磷反应，因为这些反应发生在钢、渣两相界面处，可以把钢液与炉渣视为体系，而与体系有关的炉衬和炉气等则成为环境。

根据体系与环境的关系，可以将系统分为三类：

(1) 隔离体系：体系和环境之间无物质交换，也无能量交换。

(2) 封闭体系：体系和环境之间无物质交换，但有能量交换者。

(3) 敞开体系：体系和环境之间既有物质交换，又有能量交换。

明确所研究的体系属于何种类型是至关重要的。由于处理问题的对象不同，描述它们的变量不同，所使用的热力学公式也不同。

世界上万事万物总是有机地相互联系、相互依赖、相互制约着，因此不存在绝对意义上的隔离体系。但是，为了研究问题的简捷、方便，在适当的条件下，可以近似地将一个体系视为隔离体系。若未经特别指明，所言体系均指封闭体系。

B 体系的宏观性质

体系的状态可以用它的可观测的宏观性质来描述。体系的性质可以分为两类：

(1) 广度性质（或容量性质)：其数值与体系的量成正比，具有加和性，整个体系的广度性质是体系中各部分这种性质的总和，如体积、质量、热力学能等。

(2) 强度性质：其数值决定于体系自身的特性，不具有加和性，如温度、压力、密度等。

通常体系的两个广度性质之比即为强度性质，一个广度性质除以体系中总的物质的量或质量之后得到一个强度性质。

C 状态和状态函数

热力学体系的状态是系统物理性质和化学性质即系统所有宏观性质的综合表现。体系所有的性质确定之后，其状态就完全确定，即体系的性质取决于状态。这里所说的状态指的是平衡状态，即平衡态。因为只有在平衡态下，体系的性质才能确定。

a 热力学平衡态

一个体系处于某一状态，如果描述状态的物理性质和化学性质都有固定不变的数值，那么这种状态称为平衡状态。所谓平衡态应是在一定条件下体系的各种性质均不随时间的推移而变化的状态。体系的平衡态一般应是热力学上的平衡态，即在体系的温度和压力下它最可能稳定的状态。体系的平衡态指的是它处于如下的四种平衡时的状态：

(1) 热平衡：若体系中没有绝热壁存在，则体系的各部分的温度相等。若体系不是绝热的，则系统与环境的温度也相等。

(2) 力平衡：若体系中没有绝热壁存在，则体系的各部分压力相等。

(3) 相平衡：体系内各个相的组成及数量均不发生变化。

(4) 化学平衡：体系内所有化学反应中各组分的数量均不发生变化。

平衡状态并不意味着物质的运动已经停止了，实际上，物质内部的分子、原子、电子等仍处在不停的激烈运动之中。事实上，平衡状态指的是动态平衡。

b　状态函数

体系的宏观性质（如 T、p、V、c_p、U、H、S 等）均取决于状态，它们的数值均随状态的改变而改变，因此将体系的热力学性质即状态性质称作状态函数，它表示体系的所有宏观性质与其状态间函数关系。凡属体系的状态函数，必具有如下特点：

（1）状态函数与状态是一一对应的关系，只要体系的状态确定，所有的状态函数都有确定的数值。反之，状态函数一定时，那么体系的状态也就确定了。

（2）体系由某一状态变化到另一状态，其状态函数的变化只取决于始态和终态，而与变化的途径无关。状态函数的这一特点在热力学中有广泛的应用。

（3）任何状态函数都是其他状态函数的函数。换句话说，在同一状态下，状态函数的任意组合或运算仍为状态函数。

（4）体系从某一状态出发，经历一系列变化，又重新回到原来的状态，这种变化过程称为循环过程。显然，在经历循环过程以后，体系所有状态都应恢复到原来数值，即各个状态函数的变化值都等于零。

D　过程与途径

体系从始态变化到终态称为过程。实现这一过程的具体步骤称为途径。过程可以经过几种不同的途径来实现，而每一途径常由几个步骤组成。过程和途径一般不必严格区分，有时将途径中的每一步骤亦称为过程。

按照变化的性质不同，可将过程分为三类：

（1）单纯 pVT 变化过程。

单纯 pVT 变化过程指体系中没有任何相变化和化学变化，只有单纯的 pVT 变化过程。根据过程本身的特点，过程的方式可以多种多样。热力学中常遇到下列几种典型的单纯 pVT 变化过程：

1）等温过程。

过程的温度始终保持恒定不变，且等于环境的温度，即：$T = T_{su}$ = 常数，下角标“su”表示“环境”，T_{su} 表示环境温度。

2）等容过程。

过程中体系的体积始终保持恒定不变，即：V = 常数

3）等压过程。

过程中体系的压力始终保持恒定不变，且等于环境压力，即：$p = p_{su}$ = 常数，p_{su} 表示环境对体系施加的压力。

4）绝热过程。

过程中体系和环境之间无热量传递，但可以有功的传递。

5）循环过程。

体系经过一系列变化，又恢复到始态，或者说始态就是终态。根据状态函数的特点，循环过程所有状态函数的变化量应等于零。

（2）相变化过程。

体系中发生物质聚集状态的变化过程称为相变化过程。如在一定温度下，当液（或固）体与其蒸气达成两相平衡时，此时气相的压力称为该液（或固）体在该温度下的饱和蒸气压，简称蒸气压。蒸气压等于外压时的温度称为液体的沸点；101.325kPa 下的沸

点称为正常沸点，标准压力下的沸点称为标准沸点。

(3) 化学变化过程。

体系中发生化学反应，致使组成发生变化的过程称为化学变化过程。

1.1.2.2　热力学第一定律

热力学第一定律即能量守恒及转化定律，它说明静止的与环境没有任何能量交换的隔离体系，其热力学能是守恒的。当静止的封闭体系以热或功的形式从环境得到能量或向环境放出能量后，体系的热力学能就要相应地增加或减少。

A　热

由于体系与环境间存在温差而使体系与环境间交换的能量称为热，用符号 Q 表示，单位为 J（焦耳）或 kJ（千焦）。热力学上规定：在某一个过程中，若体系从环境中吸收热，$Q>0$；反之体系向环境中散热，$Q<0$。

因为热是“传递”的能量，即体系与环境交换的能量，因而热总是与体系所进行的具体过程相联系的，没有过程就没有热，因此，热不是状态函数。为与状态函数相区别，微量的热用 δQ 表示。从微观角度讲，热是由于体系与环境中的质点无规则运动的平均强度不同而引起的一种能量交换形式，而物体冷热是指温度高与低，物体的温度是反映物体内部质点无规则运动的强弱。

热的分类一般有两种方法：

(1) 根据体系发生过程时温度变化与否，将热分为显热和潜热。显热是指体系的温度发生改变时，与环境交换的热；而潜热则指体系在等温条件下与环境交换的热，如相变热。

(2) 根据体系发生过程时性质变化，将热分为化学反应热、相变热和单纯状态变化热。化学反应热效应是在化学反应过程中，体系与环境间交换的热。例如，在 298.15K、101325Pa 下，1mol 石墨与氧气完全燃烧生成二氧化碳时，向环境放出 393.511kJ 的热。相变热是指系统在发生相变过程时，与环境之间交换的热。例如，在 373.15K 和 101325Pa 下，1mol 液态水完全蒸发成水蒸气时要吸收 40.67kJ 的热量。单纯状态变化热是指在没有发生相变和化学变化条件下进行的过程中，体系与环境间交换的热。

B　功

除了热以外体系与环境之间能量交换的所有形式统称为功，用符号 W 表示。热力学上规定：体系对环境做功，$W<0$；环境对体系做功，$W>0$。功与热一样，不属于体系本身的性质，只有进行一个过程以后，才有功的概念，所以功也不是状态函数，微量的功用 δW 表示。

在热力学中，由于体积膨胀或者压缩所做的功具有特殊的意义，常把这种功称为体积功，并用 W 表示。除体积功以外，其他的功统称非体积功，常用 W' 表示。例如，电功和表面功等。体积功的定义式为：

$$\delta W = -p_{su}\mathrm{d}V \tag{1-1}$$

在热力学的研究中，经常遇到体积功的求算问题，此时需要对体积功做定积分：

$$W = -\int_{V_1}^{V_2} p_{su}\mathrm{d}V \tag{1-2}$$

C　热力学能

体系的总能量包括体系处于引力场或磁场中的位能、体系宏观运动时的动能、体系内部的总能量。而热力学研究的是相对静止的宏观体系，故体系的总能量即热力学能，不涉及体系的位能与动能。体系内部各种形式能量的总和称为热力学能或者内能，其符号为 U，单位是 J（焦耳）或 kJ（千焦）。因此，一个体系的热力学能的绝对值目前还无法测定。

热力学能既然是体系内部能量的总和，它就是体系本身的性质，在一定状态下热力学能具有一定的数值，且与物质的量多少成正比关系，所以热力学能是广度性质，具有加和性。在确定的状态下，热力学能的值一定，若系统的状态发生改变，其值的改变量由系统的始、终态决定，而与变化途径无关，因此热力学能是状态函数。热力学上规定，系统发生变化后，如果其热力学能增加，$\Delta U>0$；反之热力学能减少，$\Delta U<0$。

D　热力学第一定律的表述

能量守恒与转化定律应用于热力学领域内，称为热力学第一定律，即在任何过程中能量既不能创造，也不能消失，能量只能从一种形式转化为另一种形式，而不同形式的能量在相互转化时永远是数量相当的。例如，电池内发生化学变化，化学能转化为电能产生电流，若把电流通到电弧炉内发热使炉料升温熔化，则把电能转化为热能，还可以通入照明设施发光发热，转为光能与热能，或者使电动机做功转为机械能。无论能量怎样转化，形式千变万化，但总能量是不变的。

前面介绍过，体系与环境间交换能量的形式只有两种，即功与热。根据热力学第一定律，能量的总量是不变的。因此，按照体系吸收的热量与对外做功，就可以知道系统的热力学能改变了多少。现设封闭体系始态的热力学能为 U_1，终态的热力学能为 U_2。当体系发生某热力学过程时，体系与环境之间既有热的传递也有功的传递，根据热力学第一定律，显然有：

$$U_2 = U_1 + Q + W$$

$$U_2 - U_1 = Q + W \tag{1-3}$$

亦即：

$$\Delta U = Q + W \tag{1-4a}$$

对于封闭体系的微小变化过程，则有：

$$\mathrm{d}U = \delta Q + \delta W \tag{1-4b}$$

式（1-3）、式（1-4）均为封闭体系的热力学第一定律的数学表达式。它表明封闭体系中的热力学能的改变量等于变化过程中体系与环境之间传递的热和功的总和。

在应用公式时要注意：

（1）热力学能、功和热三者单位要统一，按国际单位制代入即可。

（2）只适用于封闭体系。对隔离系统 $Q=0$、$W=0$、$\Delta U=0$，没有什么意义，而对敞开系统，系统物质的量不能确定，故意义不明确。

（3）公式中的 W（或 δW）指的是总功，包括体积功和非体积功。

【例 1-1】　某体系由始态 1 变至终态 2 共吸热 300kJ，对外做功 100kJ，试计算该体系热力学能的变化量 ΔU 为多少？

解：由热力学第一定律 $\Delta U = Q + W$

体系吸热 $Q=+300\text{kJ}$，系统对环境做功 $W=-100\text{kJ}$

$$\Delta U=Q+W=300-100=200\text{kJ}$$

1.1.2.3 焓

在冶金生产过程中，最常遇到的就是等容过程和等压过程。在固定体积、封闭的反应器中进行的过程，属于等容过程；在敞口容器置于大气压下进行的过程，属于等压过程，尤其是后一种情况更为普遍。在等容或等压过程中，若无非体积功，则过程的热分别为等容热和等压热。

A 等容热（Q_V）

体系在等容且没有非体积功的过程中与环境间传递的热称为等容热，以 Q_F 表示。在等容不做非体积功的条件下，$W=0$。由热力学第一定律 $\Delta U=Q+W$，则：

$$\Delta U=Q_V \tag{1-5a}$$

对于微小的变化过程，则有：

$$\mathrm{d}U=\delta Q_V \tag{1-5b}$$

即在等容且没有非体积功的过程中，封闭体系吸收的热量在量值上等于体系热力学能的变化量。

B 等压热（Q_p）

比等容过程更普遍常见的过程是等压过程，多数冶金过程、金属热处理过程都是在敞开的、暴露的空气中进行的。例如，电炉、转炉炼钢过程等。体系在等压且没有非体积功的过程中与环境间传递的热成为等压热，以 Q_p 表示。在等压不做非体积功的条件下，体积功 $W=-p_{\text{su}}\Delta V$，$W'=0$，热力学第一定律可写为：

$$\Delta U=Q_p-p_{\text{su}}\Delta V\Rightarrow U_2-U_1=Q_p-p_{\text{su}}(V_2-V_1)$$

因 $p_1=p_2=p_{\text{su}}$，所以有：

$$U_2-U_1=Q_p=(p_2V_2-p_1V_1)$$

即：

$$Q_p=(U_2+p_2V_2)-(U_1+p_1V_1)=\Delta(U+pV)$$

现定义

$$H=U+pV \tag{1-6}$$

则

$$Q_p=\Delta H \tag{1-7a}$$

对于微小的变化过程，亦有

$$\delta Q_p=\mathrm{d}H \tag{1-7b}$$

H 被称为焓，定义为 $U+pV$。由式（1-6）可知，焓是状态函数，属于广度性质，与热力学能有相同的量纲，其绝对值无法测算。式（1-7）表明：在等压且没有非体积功的过程中，封闭体系吸收的热量在量值上等于体系焓的增加。

1.1.2.4 热效应的计算

焦耳于 1843 年设计了焦耳实验，通过实验得出结论：在温度一定时，低压气体的热

力学能 U 为一定值，而与压力、体积无关，这就是焦耳定律。同理能够证明定量、定组成的理想气体的焓仅是温度的函数，而与体积、压力无关。

A　热量的计算

为了计算等容热和等压热，引出一个新的函数——热容。热容是指在一个没有非体积功的封闭体系，在不发生相变化与化学变化条件下，一定量的均相物质温度升高 1K 所需的热量，通常以符号 C 表示，单位是 J/K。如果取 1 kg 物质为单位，则为质量热容，通常称为比热容，单位用 J/(kg · K) 表示；如果取 1mol 物质为单位，则称为摩尔热容，符号为 C_m，单位用 J/(mol · K)。如前所述，热不是状态函数，其数值不仅与系统的始、终态有关，而且与途径有关。因此，若不指定升温方式，上述定义的热容则无确定的数值。为此，需要确定两个新的状态函数：摩尔定容热容 $C_{V,m}$ 与摩尔定压热容 $C_{p,m}$。若系统物质的量为 $n$mol，温度由 T_1 变化到 T_2 时：

$$\Delta U = Q_V = n\int_{T_1}^{T_2} C_{V,m}\mathrm{d}T \tag{1-8}$$

$$\Delta H = Q_p = n\int_{T_1}^{T_2} C_{p,m}\mathrm{d}T \tag{1-9}$$

式（1-8）及式（1-9）对气体、液体和固体分别在等容、等压条件下单纯发生温度变化时计算 Q_V、ΔU、Q_p、ΔH 均适用。

无论是摩尔热力学能对温度的导数，还是摩尔焓对温度的导数，都是同一状态下，状态函数的运算，它仍然是体系的状态函数。因此，当体系处于一定状态时，$C_{p,m}$ 和 $C_{V,m}$ 都具有确定的值，当系统的状态发生变化时，它们也可能随之变化，其中最明显的是随温度的变化。

B　冶金化学反应热效应的计算

化学反应体系在不做非体积功的等温过程中，所吸收或放出的热量，称为化学反应热效应，简称反应热。通常产物（终态）的温度与反应物（始态）的温度是不相同的，等温过程就需要产物回到反应前原始物的温度。若反应系统是在等温等压条件下进行，其热效应称为等压热效应即化学反应焓，用 ΔH 表示；若在等温等容条件下进行，其热效应称为等容热效应，用 ΔU 表示。

由公式 $Q_p = \Delta H$ 可知，系统的等压热效应在数值上等于焓变，所以反应焓（$\Delta_r H$）是化学反应的等压热效应，其大小与反应进度 ξ 有关。

摩尔反应焓（$\Delta_r H_m$）表示某化学反应按所给定的化学计量方程式反应，当反应进度 $\xi = 1$mol 时的反应焓称为摩尔反应焓，用符号 $\Delta_r H_m$ 表示，m 为反应进度为 1mol 之意。规定各物质都各自处在标准状态下的摩尔反应焓称为标准摩尔反应焓，用符号 $\Delta_r H_m^{\ominus}$ 表示，上角标$\ominus$表示热力学标准态。虽然规定了标准压力，并定义了标准摩尔反应焓的概念，但因压力改变不大时，各物质的焓变化极小，所以即使压力不是处于标准压力，摩尔反应焓还是近似等于标准摩尔反应焓。

a　热化学反应方程式

热化学反应方程式是表示化学反应物质交换与热效应的关系式。例如，

$$2Fe(s) + \frac{3}{2}O_2(g) = Fe_2O_3(s) \qquad \Delta H_{298}^{\ominus} = -8241\text{kJ/mol}$$

该式表明 2mol 固体铁和 1.5mol 氧气在 100kPa 和 298.15K 下完全反应生成 1mol 三氧化二铁时，放热 8241kJ。热化学反应方程式书写规范如下：

（1）写出化学方程式并且配平。因为反应式中的反应物和产物分别代表系统的始态和终态，所以反应式中计量系数不同，表达的始态和终态也不同，则反应的热效应也就不同。

$$H_2(g) + \frac{1}{2}O_2(g) = H_2O(g) \qquad \Delta H^{\ominus}_{298} = -241.825\text{kJ/mol}$$

$$2H_2(g) + O_2(g) = 2H_2O(g) \qquad \Delta H^{\ominus}_{298} = -483.65\text{kJ/mol}$$

（2）注明反应物和产物的聚集状态。因为聚集状态不同，热效应也不同，可在每个分子式后面加括号标明其聚集状态。通常气体以（g）、液体以（l）、固体以（s）表示。固体中若有不同晶型，还应标明晶型。例如：

$$S(\text{斜方}) + O_2(g) = SO_2(g) \qquad \Delta H^{\ominus}_{298} = -296.9\text{kJ/mol}$$

$$S(\text{单斜}) + O_2(g) = SO_2(g) \qquad \Delta H^{\ominus}_{298} = -297.2\text{kJ/mol}$$

（3）反应热效应写在方程式右边。恒容热效应和恒压热效应分别用 ΔU 和 ΔH 表示。

（4）注明反应温度和压力（主要指温度）。因为反应温度对反应热效应有很大的影响，反应温度通常注在 ΔU 和 ΔH 的右下角，反应压力注在 ΔU 和 ΔH 的右上角，如 $\Delta H^{\ominus}_{298}$ 表示 298.15K（为了简便以 298K 表示 298.15K）、各反应物的压力均为 100kPa 时恒压热效应。上角标 $\ominus$ 表示标准态，即在 100kPa 压力下（后续的热力学符号该上标的意义相同）。若不特别指明，则指温度 298K、压力为 100kPa。

b　盖斯定律

化学反应的热效应是进行工艺设计的重要数据，但是并非所有的化学反应热效应都能通过实验测定得到，某些反应伴随着副反应发生，难以直接测得其热效应。例如：

$$C(\text{石墨}) + O_2(g) \longrightarrow CO(g)$$

这个反应常常伴随着 $CO_2(g)$ 生成的副反应，因此其热效应就不宜测定。这样就产生了间接计算热效应的问题。1840 年盖斯在大量实验事实基础上总结出盖斯定律：在等容或等压条件下，任一化学反应，不管是一步完成或是分几步完成，其反应热效应总是相同的。盖斯定律实际上是状态函数特征的应用。

依照盖斯定律，C(石墨）氧化成 $CO_2(g)$，反应可以一步进行，也可以分成两步进行，如图 1－1 所示。C(石墨）完全燃烧的热效应和 CO 完全燃烧的热效应都可以测定，其热化学方程式分别为：

（1）$C(\text{石墨}) + O_2(g) = CO_2(g)$，$\Delta_r H^{\ominus}_{298,1} = -393.5\text{kJ/mol}$

（2）$CO(g) + \frac{1}{2}O_2(g) = CO_2(g)$，$\Delta_r H^{\ominus}_{298,2} = -282.96\text{kJ/mol}$

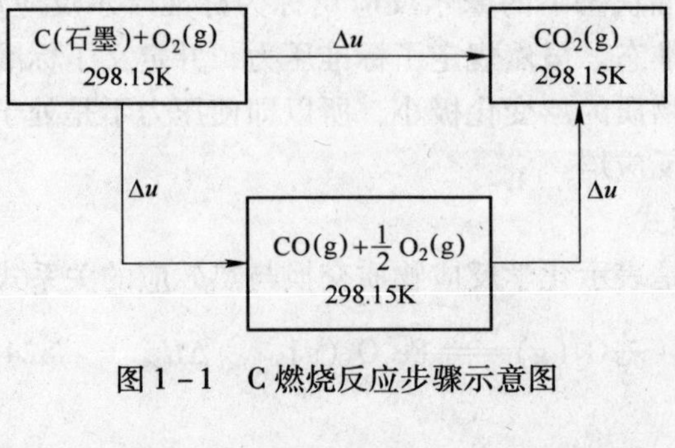

图 1－1　C 燃烧反应步骤示意图

由盖斯定律有：　$\Delta H_1 = \Delta H_2 + \Delta H_3$

所以　$\Delta H_3 = \Delta H_1 - \Delta H_2 = -393.5 - (-282.96) = -110.54\text{kJ/mol}$

由此可见，只要把热化学方程式视为代数方程式进行四则运算，求出指定的化学方程式，反应热也按同样的运算方法处理，即可求出相应的热效应。

反应式(3) = 反应式(1) - 反应式(2)　　热效应 $\Delta H_3 = \Delta H_1 - \Delta H_2$

⇓　　⇓

$C(\text{石墨}) + \frac{1}{2}O_2(g) \xlongequal{} CO(g)$　　$\Delta_r H^\ominus_{298,3} = -110.54\text{kJ/mol}$

在利用盖斯定律从已知热效应的方程式计算另一方程式的热效应时，只要设法消去新方程式中不需要的物质就行了。不过要特别注意所有物质的物质的量和聚集状态以及反应的条件等均需一致。

【例 1-2】 已知当 298K 时，

(1) $Ca(s) + \frac{1}{2}O_2(g) \xlongequal{} CaO(s), \Delta_r H^\ominus_{m,1} = -635.6\text{kJ/mol}$

(2) $C(\text{石墨}) + O_2(g) \xlongequal{} CO_2(g), \Delta_r H^\ominus_{m,2} = -393.5\text{kJ/mol}$

(3) $Ca(s) + \frac{3}{2}O_2(g) + C(\text{石墨}) \xlongequal{} CaCO_3(s), \Delta_r H^\ominus_{m,3} = -1206.875\text{kJ/mol}$

试求：298K 时，(4) $CaO(s) + CO_2(g) \xlongequal{} CaCO_3(s), \Delta_r H^\ominus_{m,4} = ?$

解：由题意知，反应(4) = 反应(3) - 反应(1) - 反应(2)，根据盖斯定律，得：

$$\Delta_r H^\ominus_{m,4} = \Delta_r H^\ominus_{m,3} - \Delta_r H^\ominus_{m,1} - \Delta_r H^\ominus_{m,2}$$
$$= -1206.875 - (-393.5) - (-635.6) = -177.775\text{kJ/mol}$$

【例 1-3】 已知当 298K 时，

(1) $CO(g) + \frac{1}{2}O_2(g) \xlongequal{} CO_2(g), \Delta_r H^\ominus_{m,2} = -283.0\text{kJ/mol}$

(2) $H_2(g) + \frac{1}{2}O_2(g) \xlongequal{} H_2O(l), \Delta_r H^\ominus_{m,2} = -285.0\text{kJ/mol}$

(3) $C_2H_5OH(l) + 3O_2(g) \xlongequal{} 2CO_2(g) + 3H_2O(l), \Delta_r H^\ominus_{m,3} = -1367.0\text{kJ/mol}$

试求：298K 时，(4) $2CO(g) + 4H_2(g) \xlongequal{} C_2H_5OH(l) + H_2O(l), \Delta_r H^\ominus_{m,4} = ?$

解：由题意知，反应(4) = 反应(1) × 2 + 反应(2) × 4 - 反应(3)，根据盖斯定律，得：

$$\Delta_r H^\ominus_{m,4} = 2\Delta_r H^\ominus_{m,1} + 4\Delta_r H^\ominus_{m,2} - \Delta_r H^\ominus_{m,3}$$
$$= 2 \times (-283.0) + 4 \times (-285.0) - (-1367.0\text{kJ/mol}) = -339.0\text{kJ/mol}$$

c　生成焓

在热力学标准态和指定温度下，由最稳定的单质生成 1mol 某物质的等压热效应，称为该物质在该温度下的标准摩尔生成焓，记作 $\Delta_f H^\ominus_m$。标准摩尔生成焓可以在任意指定温度下得到，但目前大多数手册中和本书的附表所列的生成焓数据，温度都是在 298.15K，因此，今后凡不加说明，标准摩尔生成焓皆指 298.15K 下的数据。理解标准摩尔生成焓需要注意以下几个问题：

(1) 反应物必须全部是稳定单质，即指在一定温度和 101.3kPa 时最稳定的单质。

(2) 各种稳定单质（在任意温度下）的标准摩尔生成焓为零。

(3) 生成物必须是1mol物质。

若有了各种物质的标准摩尔生成焓就可以方便地计算同一温度下化学反应的热效应。

$$\Delta_r H^{\ominus}_{298K} = \sum \nu_B \Delta_f H^{\ominus}_m(B, 298K) \tag{1-10}$$

式中 ν_B——参加反应的各物质前的计量系数，产物系数取正数，反应物系数取负数。

上式表明化学反应热效应等于产物标准生成焓之和减去反应物标准生成焓之和。

应用该式计算反应热效应时要注意三点：

(1) 应用标准摩尔生成焓只能计算同一温度下的反应热效应。

(2) 物质的聚集状态不同，则标准摩尔生成焓也不同，查表时应注意。

(3) 计算时不要忘记化学反应式中各分子式前的计量系数。

d 燃烧焓

多数有机物不能直接由单质合成，其生成焓难以直接测得。但有机物一般都易燃烧，并能在量热计中直接测定其燃烧反应的反应热。可利用某些燃烧反应的热效应来计算其他反应的热效应。

在100kPa和指定温度下，1mol某物质被完全燃烧成指定产物的化学反应恒压热效应，称为该物质的标准摩尔燃烧焓，记作 $\Delta_c H^{\ominus}_m$。理解标准摩尔燃烧焓需要注意以下几个问题。

(1) 各种指定燃烧产物以及氧气的标准摩尔燃烧焓为零。例如，$H_2O(l)$、$CO_2(g)$、$N_2(g)$、$O_2(g)$ 等的标准摩尔燃烧焓为零。

(2) 燃烧反应的产物皆为指定的产物及聚集状态。

(3) 被燃烧的反应物是1mol物质。

有了标准摩尔燃烧焓的数据，也可以用类似于从标准摩尔生成焓计算任何反应的热效应的方法计算出同一温度下化学反应的热效应来。化学反应的热效应等于反应物的标准燃烧焓之和，减去产物标准燃烧焓之和。

$$\Delta_r H^{\ominus}_{298K} = -\sum \nu_B \Delta_c H^{\ominus}_m(B, 298K) \tag{1-11}$$

e 基尔霍夫定律

人们已经知道化学反应的热效应对应系统状态函数的变化值，它只取决于反应的始、终态，与反应的途径无关。利用这一性质，可以寻求反应热与温度的关系。若反应在 TK 下进行，有：

$$\Delta_r H^{\ominus}_T = \Delta_r H^{\ominus}_{298} + \int_{298}^{T} \Delta C_p \mathrm{d}T \tag{1-12}$$

式（1-12）称为基尔霍夫定律的数学表达式，它描述反应热与温度的关系。式中 ΔC_p 可查数据手册，由 $\Delta C_p = \Delta a + \Delta bT + \Delta cT^2$ 算出；$\Delta_r H^{\ominus}_{298}$ 可利用数据手册中查出的 $\Delta_f H^{\ominus}_m$（B，298K）数据求得，因而容易求出 $\Delta_r H^{\ominus}_T$。

1.1.3 教学实施建议

本任务可根据学生前期课程学习情况进行取舍。若学生已具备热力学基础，则本任务只需以热效应的计算为主，以冶金生产中的计算为案例进行讲解。

1.1.4 思考与练习

一、填空题

1. 系统与环境之间既有能量传递，也有物质传递的系统称为__________系统。

2. 若系统从始态出发经一等温过程又回到原始态，则系统热力学能的变化量 ΔU 为＿＿＿＿＿＿。
3. 在＿＿＿＿＿＿K 时，任何完美晶体的熵等于零。
4. 一定量气体反抗一定的压力进行绝热膨胀时，其热力学能是＿＿＿＿＿＿的。（增大、减小、不变）
5. 某化学反应的热效应为 -285.85kJ/mol，则该反应为＿＿＿＿＿＿反应。（放热、吸热）
6. 如下图所示，在绝热盛水容器中，浸入电阻丝，通电一段时间，通电后水及电阻丝的温度均略有升高，试分析并回答以下问题：（填 >0、<0、=0）

（1）以电源为系统有 W＿＿＿＿＿＿，Q＿＿＿＿＿＿，U＿＿＿＿＿＿。

（2）以电阻丝为系统有 W＿＿＿＿＿＿，Q＿＿＿＿＿＿，U＿＿＿＿＿＿。

（3）以水为系统有 W＿＿＿＿＿＿，Q＿＿＿＿＿＿，U＿＿＿＿＿＿。

（4）以电阻丝和电源为系统有 W＿＿＿＿＿＿，Q＿＿＿＿＿＿，U＿＿＿＿＿＿。

（5）以电阻丝和水为系统有 W＿＿＿＿＿＿，Q＿＿＿＿＿＿，U＿＿＿＿＿＿。

（6）以电阻丝、电源和水为系统有 W＿＿＿＿＿＿，Q＿＿＿＿＿＿，U＿＿＿＿＿＿。

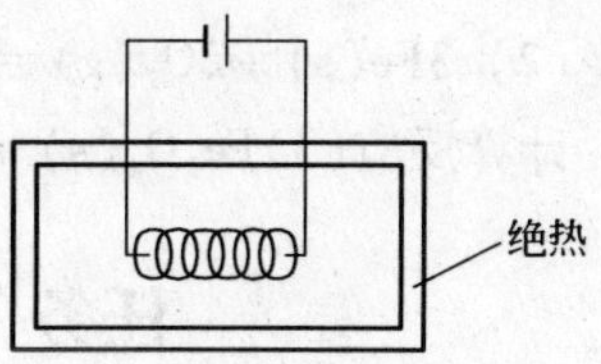

学习情境 1 任务 1 习题 6 图

二、选择题

1. 下列函数中为广度性质的是（　　）。

A. P　　B. T　　C. V

2. 298K 时，以下哪种物质的标准摩尔生成焓 $\Delta_f H_m$ 为零？（　　）

A. 金刚石　　B. 气态碳　　C. 石墨

3. 焓的数学表达式为（　　）。

A. $H = U - pV$　　B. $H = U + pV$　　C. $H = Q + W$

4. 298K 时，以下物质标准摩尔燃烧焓 $\Delta_c H_m$ 为零的是（　　）。

A. $H_2O(g)$　　B. $H_2O(s)$　　C. $H_2O(l)$

5. 以下函数是状态函数的是（　　）。

A. Q　　B. W　　C. G

6. 已知反应 B→A，B→C 的等压反应热分别为 ΔH_1 和 ΔH_2，则 A→C 的等压反应热 ΔH_3 是（　　）。

A. $\Delta H_3 = \Delta H_2 + \Delta H_1$　　B. $\Delta H_3 = \Delta H_2 - \Delta H_1$　　C. $\Delta H_3 = \Delta H_1 - \Delta H_2$

三、判断题

1. 热化学反应方程式的系数并不影响反应的 $\Delta_r H_m^{\ominus}$。（　　）
2. 2mol $H_2O(l)$ 在等温下变为蒸气（假设为理想气体），其 $\Delta U = 0$，$\Delta H = 0$。（　　）
3. 绝热定容的封闭系统是隔离系统。（　　）

4. 因 $Q_p = \Delta H$，$Q_V = \Delta U$，所以 Q_p 与 Q_V 都是状态函数。 ( )

四、计算题

1. 已知下列反应在 298K 的反应热为：

(1) $4NH_3(g) + 3O_2(g) = 2N_2(g) + 6H_2O(l)$，$\Delta H_1^{\ominus} = -1523.0\text{kJ/mol}$

(2) $H_2(g) + \frac{1}{2}O_2(g) = H_2O(l)$，$\Delta H_2^{\ominus} = -285.84\text{kJ/mol}$

计算下列反应的热效应：(3) $N_2(g) + 3H_2(g) = 2NH_3(g)$，$\Delta H_3^{\ominus} = ?$

2. 已知下列反应在 298K 的反应热效应为

(1) $C(\text{石墨}) + \frac{1}{2}O_2(g) = CO(g)$，$\Delta H_1^{\ominus} = -110.54\text{kJ/mol}$

(2) $3Fe(s) + 2O_2(g) = Fe_3O_4(s)$，$\Delta H_2^{\ominus} = -1117.13\text{kJ/mol}$

计算反应(3) $Fe_3O_4(s) + 4C(\text{石墨}) = 4CO_2(g) + 3Fe(s)$ 在 298K 下的恒压热效应 $\Delta H_3^{\ominus}$。

任务 1.2 化学反应方向的判断与应用

知识目标：

(1) 掌握吉布斯判据的适用条件及其应用；

(2) 理解吉布斯的定义及吉布斯自由能变化量（ΔG）在特殊情况下的物理意义；

(3) 了解熵判据和亥姆霍兹判据的适用条件及应用。

能力目标：

(1) 能够应用热力学判据来判断过程在指定条件下能否自动进行；

(2) 能够根据要求确定反应的条件。

1.2.1 任务描述

自然界所发生的过程都必须遵循热力学第一定律，但并不是所有不违背热力学第一定律的过程都能自动发生。例如，空气不会自动发生氮气与氧气分离的过程。若要实现上述过程，环境就必须对体系施加有用功。这说明单有热力学第一定律还不能解决过程能否自动发生的问题。过程能否自动发生，最后达到什么程度，反应的最佳条件等都由热力学第二定律来解决。本任务将以热力学第二定律为基础介绍热力学三大判据：熵判据、亥姆霍兹判据、吉布斯判据，以它们为普遍性的标准来判断化学反应的方向和限度。

1.2.2 相关知识

1.2.2.1 自发过程

无需借助外力的帮助就能自动进行的过程称为自发过程。反之，如果是需要借助外力帮助才能进行的过程则称为非自发过程。而自发过程的逆过程则不可自发进行，见表 1 - 1，这是人们非常熟悉的一些自发过程的实例。

从表 1 - 1 可以发现自发过程的共同规律：

（1）自发过程都有明确的方向性，即自发地向着平衡状态的方向进行，直至平衡状态。而逆向则是非自发的过程，必须有外力帮助。因此自发过程具有不可逆性。

（2）自发过程都能找到相应的物理量来判断过程的方向。如用温差判断热传导方向，用浓差判断溶液扩散方向，用电势差判断氧化还原反应方向等。

自发过程的逆过程是非自发的，但不是说在其他条件下也无法实现。而是要想实现必须改变条件并付出代价，即体系从环境得到了功。

表 1-1　常见自发过程实例

过　程	自发方向	推 动 力	最终限度（平衡状态）
传热过程	高温→低温	ΔT	$\Delta T=0$
气　体	高气压→低气压	Δp	$\Delta p=0$
浓差扩散	高浓度→低浓度	Δc	$\Delta c=0$
氧化还原反应	高电势→低电势	ΔE	$\Delta E=0$

1.2.2.2　热力学第二定律

热力学第二定律与第一定律一样，也是人们长期实践经验的总结。第二定律的表述方法有很多种，常见的有两种：

（1）克劳修斯说法：不可能把热从低温物体传到高温物体，而不引起其他变化。

（2）开尔文说法：不可能从单一热源吸取热使之完全变成功，而不发生其他变化。

一切自发过程的方向和限度问题，最终均可由热力学第二定律来判断，但是若都要按上面两个说法来判断，则多有不便。人们通过大量研究找到一些新的热力学函数——熵函数、亥姆霍兹函数、吉布斯函数，通过对它们的计算来判断过程的方向和限度。

1.2.2.3　熵

通过对可逆循环过程的研究，发现沿着任意可逆途径，其可逆热温商均相等，仅决定于体系的始态和终态，而与途径无关。由此发现了一个隐藏着的状态函数，克劳修斯称这个函数为熵，用符号 S 表示，其单位为 J/K。其定义式为：

$$\mathrm{d}S=\frac{\delta Q_{\mathrm{r}}}{T} \tag{1-13a}$$

式（1-13a）说明在微小的可逆变化过程中，体系的熵变等于热温商。将式（1-13a）积分运算得：

$$\Delta S = S_2 - S_1 = \int_1^2 \frac{\delta Q_{\mathrm{r}}}{T} \tag{1-13b}$$

式（1-13b）说明可逆过程热温商的累加等于系统的熵变。

而对不可逆循环过程进行研究，发现：

$$\Delta S = S_2 - S_1 > \int_1^2 \frac{\delta Q_{\mathrm{r}}}{T} \tag{1-14}$$

式（1-14）表明不可逆过程热温商的累加小于系统的熵变。将式（1-13b）与式

(1－14) 合并起来可得：

$$\Delta S = S_2 - S_1 \geqslant \int_1^2 \frac{\delta Q_r}{T} \quad \left(\begin{array}{l} >,\text{不可逆} \\ =,\text{可逆} \end{array}\right) \tag{1-15a}$$

对于微小的过程：

$$dS \geqslant \frac{\delta Q_r}{T} \quad \left(\begin{array}{l} >,\text{不可逆} \\ =,\text{可逆} \end{array}\right) \tag{1-15b}$$

上述两式表明在可逆过程中，体系的熵变等于热温商；在不可逆过程中，体系的熵变大于热温商。以上两式称为克劳修斯不等式。克劳修斯不等式可以对各种热力学系统中各类过程的方向、限度进行判断，它比热力学第二定律的两种经典文字表述方式应用范围广泛得多，它具有普遍适用性，必然具有高度概括性，也更能表述热力学第二定律的本质。因此克劳修斯不等式就是热力学第二定律的数学表达式。

A 熵判据

对于绝热体系，因热温商 $\sum_1^1 \frac{\delta Q}{T} = 0$，式 (1－15a) 变为：

$$\Delta S_{\text{绝热}} \geqslant 0 \quad \left(\begin{array}{l} >,\text{不可逆} \\ =,\text{可逆} \end{array}\right) \tag{1-16}$$

式 (1－16) 说明绝热系统若经历不可逆过程，则熵值增加；若经历可逆过程，则熵值不变。因此，绝热体系的熵值永不减少，这一结论称为熵增原理。

若将体系与环境合在一起考虑，使两者成为一个大的体系，这个大的体系与外界就不会有物质与能量的交换，而构成一个大隔离体系。隔离体系必然绝热，外界也无法进行任何干扰，在这种任其自然的情况下系统发生的不可逆过程必定是自发过程。通常，人们所说的过程的方向，就是指在一定条件下自发过程的方向；而可逆意味着平衡，也就是过程的限度。因此将克劳修斯不等式应用于隔离体系后，最终解决了过程方向和限度的判别，即对于隔离体系有：

$$\Delta S_{\text{隔离}} \geqslant 0 \left(\begin{array}{l} >,\text{自发} \\ =,\text{平衡} \end{array}\right) \tag{1-17}$$

式 (1－17) 是判断过程是否自发进行的依据，因为是用熵变来判断的，故称为熵判据。它表明：隔离体系中发生的过程，总是自发地朝着熵值增加的方向进行的，直至体系的熵值达到最大，即体系达到平衡为止。在平衡状态时，体系的任何变化都一定是可逆过程，其熵值不再改变。熵判据除了要求隔离系统以外，没有其他条件的限制。

由于式 (1－17) 中的隔离体系是将实际的体系与环境合在一起考虑的，因此这个大的体系应为：

$$\Delta S_{\text{隔离}} = \Delta S_{sys} + \Delta S_{su} \geqslant 0 \quad \left(\begin{array}{l} >,\text{自发} \\ =,\text{平衡} \end{array}\right) \tag{1-18}$$

式中，下标 sys 表示体系（封闭体系）；su 表示环境。

B 熵的计算

为了利用式 (1－18) 判断隔离体系中过程的方向和限度，必须计算过程的体系与环境的熵变。

a 环境熵变的计算

在与系统交换了一定量的热以后，环境的状态发生了极其微小的变化，单位质量环境的熵变很小，但是环境的量很大，可以认为环境的温度基本不变，故环境的熵变有着确定的值：

$$\Delta S_{su}=\frac{Q_{su}}{T_{su}}=-\frac{Q_{sys}}{T_{su}}=-\frac{Q}{T_{su}} \tag{1-19}$$

b 单纯变化过程熵变的计算

（1）等温过程。

不论过程是否可逆，都按等温可逆途径来计算系统的熵变。对于理想气体的等温过程 $\Delta U=0$，则 $Q_r=W_r$，则有：

$$\Delta S_T=\frac{Q_r}{T}=\frac{W_r}{T}=nR\ln\frac{p_1}{p_2}=nR\ln\frac{V_2}{V_1} \tag{1-20}$$

（2）等压过程。

在等压过程中，无论过程可逆与否，均有：$\delta Q_r=\delta Q_p=dH=nC_{p,m}dT$，则：

$$\Delta S_p=\int_1^2\left(\frac{\delta Q}{T}\right)_r=n\int_{T_1}^{T_2}\frac{C_{p,m}dT}{T} \tag{1-21}$$

（3）等容过程。

在等容过程中，无论过程可逆与否，均有：$\delta Q_r=\delta Q_V=dU=nC_{V,m}dT$，则：

$$\Delta S_V=\int_1^2\left(\frac{\delta Q}{T}\right)_r=n\int_{T_1}^{T_2}\frac{C_{V,m}dT}{T} \tag{1-22}$$

（4）绝热过程。

对于绝热可逆过程 $\delta Q_r=0$，则：

$$\Delta S=\int_1^2\left(\frac{\delta Q}{T}\right)_r=0 \tag{1-23}$$

如果是绝热不可逆过程，就必须在确定的始、终态之间设计一个可逆过程。又因为由同一始态出发，经绝热可逆过程和绝热不可逆过程，达不到相同的终态，因此不可能在绝热不可逆过程的始、终态之间设计一个绝热可逆过程，而必须另找其他可逆过程加以组合。

c 相变过程熵变的计算

在相平衡条件下的相变是可逆的相变化过程。因为过程是在等温、等压且非体积功为零的条件下进行的，所以有 $\delta Q_r=dH$，即

$$\Delta_\alpha^\beta S=\frac{n\Delta_\alpha^\beta H}{T} \tag{1-24}$$

在非相平衡条件下的相变是不可逆相变化过程，其熵变的求算需寻求可逆途径来进行计算。其途径一般由可逆相变化过程和单纯的 pVT 变化过程组成。

d 化学变化过程熵变的计算

一定温度和压力下物质的摩尔熵的绝对值无法测得。但是热力学上规定：1mol 某种聚集状态的纯物质处在 298K、标准压力 100kPa 的条件下，其熵值称为标准摩尔熵，用符号 $S_m^\ominus$（298K）表示，可通过查数据手册得到。因此，可以用与计算化学反应热相类似的

方法来计算化学反应的熵变量。如果化学反应处于298K和标准压力下，计算公式为：

$$\Delta_r S_{298}^{\ominus} = \sum \nu_B S_m^{\ominus}(B, 298K) \tag{1-25a}$$

如果计算在标准压力和任意温度 T 下的反应，则熵变量为：

$$\Delta_r S^{\ominus}(T) = \Delta_r S_{298}^{\ominus} + \int_{298}^{T} \frac{\Delta C_p}{T} dT \tag{1-25b}$$

【例1-4】 计算反应 $C(石墨) + CO_2(g) \!=\!= 2CO(g)$ 在下列条件下的熵变量：

(1) 298K和100kPa；

(2) 1000K和100kPa。

解：(1) 查得各物质的 $S_m^{\ominus}$ (298K) 如下：

	$C(石墨)$	$+\ CO_2(g)$	$=\!=\ 2CO(g)$
$S_m^{\ominus}(298K)/J \cdot (K \cdot mol)^{-1}$	5.694	213.65	197.907

所以 $\Delta_r S_{298}^{\ominus} = 197.907 \times 2 - (5.694 \times 1 + 213.65 \times 1) = 176.47 J/K$

(2) 查得各物质的摩尔热容如下：

$$C_{p,m(CO)} = 28.41 + 0.00410T - 46000T^{-2}(J/(K \cdot mol))$$

$$C_{p,m(CO_2)} = 44.14 + 0.00904T - 853000T^{-2}(J/(K \cdot mol))$$

$$C_{p,m(C)} = 17.15 + 0.00427T - 879000T^{-2}(J/(K \cdot mol))$$

$$\Delta C_p = -4.47 = 0.0511T + 1640000T^{-2}(J/K)$$

所以 $\Delta_r S_{1000}^{\ominus} = 176.47 + \int_{298}^{1000} \frac{1}{T}(-4.47 - 0.00511T + 1640000T^{-2})dT = 175.88 J/K$

1.2.2.4 亥姆霍兹自由能

在用熵判据对反应的方向和限度进行判断时，必须要同时考虑体系与环境的熵变，很不方便。实际冶金生产上的许多变化是在等温、等温等容或等温等压条件下发生的。为了简化实际生产过程中对反应方向和限度的判断，亥姆霍兹与吉布斯分别引入两个新函数，分别作为等温等容及等温等压条件下过程的判据。

与温度为 T 的热源接触的封闭体系，发生一个等温过程，联立热力学第一定律和热力学第二定律：

$$\begin{cases} \delta Q = dU + \delta W \\ dS \geqslant \dfrac{\delta Q}{T} \quad \begin{pmatrix} >, 不可逆 \\ =, 可逆 \end{pmatrix} \end{cases}$$

可得：

$$-(dU - TdS) \geqslant \delta W \tag{1-26}$$

因此亥姆霍兹定义：

$$A = U - TS \tag{1-27}$$

A 被称为亥姆霍兹自由能或者亥姆霍兹函数，是状态函数，具有能量的量纲，是广度变量。若封闭体系在等温等容且不做非体积功时，式(1-26)可变为：

$$\Delta A_{T,V} \leqslant 0 \quad \begin{pmatrix} <, 自发 \\ =, 平衡 \end{pmatrix} \tag{1-28}$$

这就是封闭体系在等温等容且没有非体积功条件下过程方向和限度的判据，称为亥姆霍兹判据。式(1-28)表明：封闭体系在等温等容、不做非体积功时，体系发生可逆过程，则亥姆霍兹自由能不变；发生不可逆过程，亥姆霍兹自由能必减少。因此在上述条件下，自发过程总是向着亥姆霍兹自由能减少的方向进行，直到亥姆霍兹自由能达到最小值，系统达到平衡为止。这就是用亥姆霍兹自由能判断过程的方向与限度的结论。

1.2.2.5　吉布斯自由能

A　吉布斯判据

类似于推导亥姆霍兹自由能的方式，联立热力学第一定律和热力学第二定律可得：

$$-\mathrm{d}(U+pV-TS)\geqslant \delta W' \tag{1-29}$$

因此吉布斯定义：

$$G=U+pV-TS=H-TS=A+pV \tag{1-30}$$

G 被称为吉布斯自由能或者吉布斯函数，是状态函数，具有能量的量纲，是广度变量。若封闭体系在等温等压且不做非体积功时，式（1-29）可变为：

$$\Delta G_{T,p}\leqslant 0 \quad \begin{pmatrix} <,\text{自发} \\ =,\text{平衡} \end{pmatrix} \tag{1-31}$$

这就是封闭体系在等温等压且没有非体积功条件下过程方向和限度的判据，称为吉布斯判据。式（1-28）表明：在等温等压且无非体积功的封闭体系中，自动过程总是向着自由能减小的方向进行，达到平衡时，吉布斯自由能最小，这就是吉布斯自由能最小化原理，也就是说，体系处于平衡状态的必要条件是 $\Delta G_{T,p}=0$。理解吉布斯自由能时需要注意：

（1）G 是强度变量，是状态函数，其值只与始态和终态有关，而与过程无关。

（2）$\Delta G=\Delta H-\Delta(TS)$ 对于封闭体系的任何过程都适用。

（3）$\Delta G_{T,p}\leqslant 0$ 作为判据时必须满足等温等压条件，也只有在无非体积功时才可以用来判断自动过程的方向和限度。

B　吉布斯自由能的计算

a　理想气体等温变化过程的 ΔG

由于讨论的是等温过程且无非体积功的封闭系统，带入到定义式 $G=U+pV-TS$，求全微分 $\mathrm{d}G$，再对 $\mathrm{d}G$ 求积分，得到：

$$\Delta G_T=\int_{p_1}^{p_2}\frac{nRT}{p}\mathrm{d}p=-nRT\ln\frac{p_1}{p_2}=-nRT\ln\frac{V_2}{V_1} \tag{1-32}$$

若取 1mol 理想气体，在一定温度时，从标准状态到任意状态的压力积分，可以得到：

$$G_\mathrm{m}-G_\mathrm{m}^{\ominus}=nRT\ln\frac{p}{p^{\ominus}} \tag{1-33}$$

式中　G_m——一定温度 T 时理想气体的摩尔吉布斯自由能；

$G_\mathrm{m}^{\ominus}$——一定温度 T 时理想气体的标准摩尔吉布斯自由能。

式（1-33）说明摩尔吉布斯自由能与温度有关。但由于标准摩尔吉布斯自由能也是温度的函数，所以摩尔吉布斯自由能与温度的关系就变得相当复杂。因此，在吉布斯自由能的变化量的计算中，往往回避变温过程，而主要讨论恒温过程。

b　相变过程的 ΔG

相变过程一般是在等温等压条件下进行的，若始态和终态的两相是相互平衡的，则此过程是可逆的。此时因为不做非体积功，故 $\Delta G=0$。

若该相变过程是不可逆的，即始态和终态的两相互不平衡，这时就应该另外设计一个可逆过程来计算。

c 化学变化过程的 ΔG

化学反应是在等温等压条件下进行的，且因 $G=H-TS$，则有：

$$\Delta_r G=\Delta_r H-T\cdot\Delta_r S \tag{1-34}$$

先用前面介绍的方法求出某条件下的 ΔH 和 ΔS，再用同样方法可以计算出 ΔG。

（1）对于298K和标准压力下的化学反应，只要将有关数据直接代入式（1-34）即可求出。

【例1-5】 求反应 $CH_4(g)+2O_2(g)\rightarrow CO_2(g)+2H_2O(l)$ 的 $\Delta G_{298}^{\ominus}$，并判断过程的方向。有关热力学数据如表1-2所示。

表1-2 例1-5相关数据

物 质	$CH_4(g)$	$O_2(g)$	$CO_2(g)$	$H_2O(l)$
$\Delta_f H_m^{\ominus}/kJ\cdot mol^{-1}$	-74.85	0	-393.51	-285.8
$S_m^{\ominus}(298K)/J\cdot(mol\cdot K)^{-1}$	186.19	205.02	213.64	69.92
$\Delta G_{298}^{\ominus}$	-50.79	0	-394.38	-237.191

解：因为 $\Delta_r H_{298}^{\ominus}=-393.51+2\times(-285.8)-(-74.85)=-890.34kJ$

$\Delta_r S_{298}^{\ominus}=213.64+2\times 69.92-186.19-2\times 205.02=-243J/K$

所以 $\Delta_r G_{298}^{\ominus}=\Delta_r H_{298}^{\ominus}-298\cdot\Delta_r S_{298}^{\ominus}=-890.34-298\times(-243\times 10^{-3})=-817.93kJ<0$

或者用 $\Delta_r G_{298}^{\ominus}=\sum\nu_B\Delta_f G_m^{\ominus}$（B，298K）进行计算：

$$\Delta_r G_{298}^{\ominus}=\sum\nu_B\Delta_f G_m^{\ominus}(B,298K)=-394.38+2\times(-237.191)-(-50.79)=-817.93kJ$$

由于 $\Delta G_{298}^{\ominus}<0$，说明在常温常压下，若反应物和产物均处于标准状态，则甲烷氧化成二氧化碳的反应是能自发进行的。

（2）对于任意温度和标准压力下的化学反应，要先算出 $\Delta_r H_T^{\ominus}$ 和 $\Delta_r S_T^{\ominus}$，然后求出 $\Delta_r G_T^{\ominus}$，即：

$$\begin{cases}\Delta_r H^{\ominus}(T)=\Delta_r H_{298}^{\ominus}+\int_{298}^{T}\Delta C_p\mathrm{d}T\\ \Delta_r S^{\ominus}(T)=\Delta_r S_{298}^{\ominus}+\int_{298}^{T}\dfrac{\Delta C_p}{T}\mathrm{d}T\\ \Delta_r G^{\ominus}(T)=\Delta_r H^{\ominus}(T)+T\cdot\Delta_r S^{\ominus}(T)\end{cases}$$

【例1-6】 计算反应 C(石墨)$+CO_2(g)=2CO(g)$ 在下列条件下的 ΔG：

（1）298K和100kPa，并判断此条件下反应能否自发进行？

（2）1000K和100kPa，并判断此条件下反应能否自发进行？

解：（1）查得各物质的热力学数据：

	$C(石墨)+CO_2(g)$	═══	$2CO(g)$
$S_m^\ominus(298K)/J\cdot K^{-1}$	5.694	213.65	197.907
$\Delta_f H_m^\ominus(298K)/kJ$	0	−393.5	−110.53

所以　$\Delta_r H_{298}^\ominus = -110.53\times 2-(-393.5\times 1+0\times 1)=172.45kJ$

$\Delta_r S_{298}^\ominus = 197.907\times 2-(5.694\times 1+213.65\times 1)=176.47J/K$

故　$\Delta_r G_{298}^\ominus=\Delta_r H_{298}^\ominus-298\cdot\Delta_r S_{298}^\ominus=172450-298\times 176.47=119860J>0$

所以反应在 298K 下不能自发向右进行。

（2）查得各物质的摩尔热容如下：

$$C_{p,m(CO)}=28.41+0.00410T-46000T^{-2}(J/(K\cdot mol))$$

$$C_{p,m(CO_2)}=44.14+0.00904T-853000T^{-2}(J/(K\cdot mol))$$

$$C_{p,m(C)}=17.15+0.00427T-879000T^{-2}(J/(K\cdot mol))$$

所以

$$\Delta C_p=2C_{p,m(CO)}-[C_{p,m}(C)+C_{p,m(CO_2)}]=-4.47-0.00511T+1640000T^{-2}(J/K)$$

故　$\Delta_r H_{1000}^\ominus=\Delta_r H_{298}^\ominus+\int_{298}^{1000}\Delta C_p dT$

$$=172450+\int_{298}^{1000}[-4.47-0.00511T+1640000T^{-2}]dT=170840J$$

$$\Delta_r S_{1000}^\ominus=\Delta_r S_{298}^\ominus+\int_{298}^{1000}\frac{\Delta C_p}{T}dT$$

$$=176.47+\int_{298}^{1000}\frac{1}{T}(-4.47-0.00511T+1640000T^{-2})dT=175.88J/K$$

所以　$\Delta_r G_{1000}^\ominus=\Delta_r H_{1000}^\ominus-1000\cdot\Delta_r S_{1000}^\ominus=170840-1000\times 175.88=-5040J<0$

因此，在 1000K 下该反应能自发向右进行。

1.2.3　教学实施建议

本任务主要介绍热力学三大判据，但对于冶金生产过程，主要用到的判据是吉布斯判据，因此教学中重点介绍吉布斯判据及其应用。

1.2.4　思考与练习

一、填空题

1. 吉布斯自由能判据适合于封闭体系的__________过程。
2. 吉布斯函数的定义式为____。
3. 理想气体等温过程的 ΔA __________ ΔG。（填“=”“<”“>”）
4. 对反应 A(s, l) + B(g)═AB(s, l)，若 AB 的 $\Delta_f G_m<0$，则反应__________；若 AB 的 $\Delta_f G_m>0$，则反应__________；若 AB 的 $\Delta_f G_m=0$，则反应__________。
5. 填写以下表格，说明判断自发过程的判据分别有哪些，各适用的系统及条件是什么？

判　据	适用系统及过程性质	自发方向标准
熵		
吉布斯能		
亥姆霍兹能		

二、判断题

1. 自发过程的逆过程不能自发进行，但并不违背热力学第一定律。（　）
2. 由同一始态出发，系统经历一个绝热可逆过程和一个绝热不可逆过程，无论如何达不到相同的终态。（　）
3. 在等温等压下，某化学反应的 $\Delta_r G_m < 0$，则该反应能自发进行。（　）
4. 对在等温等压且不做非体积功的条件下，发生的各个化学反应过程和相变过程，可使用盖斯定律。（　）
5. 对在等温等容且不做功的条件下，发生的各个化学反应过程，可使用盖斯定律。（　）
6. 利用盖斯定律求某个反应的热效应时可引入一些别的反应，设想一些中间步骤，无论实际反应是否按这些中间步骤进行都可以。（　）

三、计算题

1. 已知25℃及标准压力有以下数据：

物　质	标准摩尔熵 $S_m^\ominus$/J(K·mol)$^{-1}$	标准摩尔燃烧焓 $\Delta_c H_m^\ominus$/kJ·mol^{-1}
C(石墨)	5.6940	−393.514
C(金刚石)	2.4388	−395.410

求25℃及标准压力下石墨变成金刚石的 $\Delta G_m^\ominus$，并判断过程能否自发进行？

2. 计算乙烯水合乙醇反应 $C_2H_4(g) + H_2O(g) \rightarrow C_2H_5OH(g)$ 的 $\Delta_r G^\ominus$。

	$C_2H_4(g)$	$H_2O(g)$	$C_2H_5OH(g)$
$\Delta_f H^\ominus$/kJ·mol^{-1}	52.26	−241.82	−235.10
$S^\ominus$/J·(K·mol)$^{-1}$	219.56	188.82	282.70

3. 298K、100kPa时，金刚石与石墨的规定熵分别为2.83 J/(K·mol) 和5.74J/(K·mol)，其标准燃烧热分别为 −395.4kJ/mol 和 −393.5kJ/mol，计算在此条件下，石墨－金刚石的 $\Delta G_m^\ominus$ 值，并说明此时哪种晶体较为稳定。

任务1.3　认识“溶液”

知识目标：

（1）掌握活度和活度系数的定义及在冶金过程中的作用；

（2）理解分配定律的定义及其应用；

（3）了解溶液饱和蒸气压的概念。

能力目标：

（1）能利用分配定律解释冶金过程的基本原理；
（2）会根据冶金生产实际选择合理的标准状态。

1.3.1 任务描述

许多化学反应都是在溶液中进行的，冶金生产过程也经常涉及溶液。如，转炉炼钢的钢水，熔融的高钛渣、钒渣、钒铁合金，熔融的 $MgCl_2$，浸出液等都是溶液。

冶金熔体的物理化学性质和其基本结构有关，包括密度、黏度、扩散系数、熔点、表面张力、蒸气压、电阻率、碱度、氧化性等。冶金熔体物理化学性质直接影响到金属和熔渣的分离、化学反应等过程，研究它们的物理化学性质对冶金过程十分重要。如炼钢过程中的脱碳、脱磷、脱硫和脱氧反应与钢液中参与该反应的元素的浓度和活度密切相关。由于高温熔体本身的复杂性和高温下的实验研究比较困难，很多研究数据差别较大，还有许多问题尚待进一步研究。本任务根据某些实验研究结果，主要以铁合金和炼钢炉渣为例来分析讨论金属熔体的结构、金属熔体的物理性质、各种元素在金属熔体中的溶解度和相作用、熔渣的结构、熔渣的物理性质、熔渣的化学性质等问题。

1.3.2 相关知识

1.3.2.1 溶液组成的表示方法

从广义上讲，凡两种或两种以上的物质均匀混合且彼此呈分子状态分布的系统即为溶液，体系中各组分以不同的方法来研究。若体系中各组分都按相同的方法来研究，则此均相系统称为混合物。根据物态不同，溶液可分为液态溶液和固态溶液，多组分气相只能称为混合物而不称为气态溶液。通常所指的溶液是液态溶液。

溶液中各组分按不同的方法来研究，则各组分被区分为溶质和溶剂。如果组成溶液的物质有不同的状态，通常将液态物质称为溶剂，气态或固态物质称为溶质；如果是液态溶液，通常把含量较多的组分称为溶剂，含量较少的组分称为溶质。

通常给定溶液的组成是恒定的，但表示溶液组成的方式可以不同。下面是几种常用的表示溶液组成的方法。

（1）B 的质量分数。

$$\omega_B = \frac{m_B}{\sum_B m_B} \tag{1-35}$$

式（1-35）中，m_B 为 B 的质量。ω_B 是一个无量纲的量。

（2）B 的摩尔分数。

$$x_B = \frac{n_B}{\sum_B n_B} \tag{1-36}$$

式（1-36）中，n_B 为 B 的物质的量。x_B 是一个无量纲的量。

(3) 体积分数。

$$\varphi_B = \frac{x_B V_{m,B}^*}{\sum_A x_A V_{m,A}^*} \tag{1-37}$$

式 (1-37) 中，$V_{m,A}^*$是纯物质 A 在相同温度和压力时的摩尔体积，而 $\sum_A$ 代表在全部物质范围内求和，φ_B 是一个无量纲的量。

(4) B 的浓度或 B 的物质的量浓度。

$$c_B = \frac{n_B}{V} \tag{1-38}$$

式 (1-38) 中，n_B 为体积 V 中 B 的物质的量，c_B 的单位为 mol/L 或 mol/m^3。

(5) 溶质 B 的质量摩尔浓度。

$$b_B = \frac{n_B}{m_A} \tag{1-39}$$

式 (1-39) 中，n_B 为溶质 B 的物质的量，m_A 为熔剂 A 的质量，b_B 单位是 mol/kg。

1.3.2.2　拉乌尔定律和亨利定律

A　饱和蒸气压

蒸气压指的是在液体（或固体）的表面存在着该物质的蒸气，这些蒸气对液体（或固体）表面产生的压强就是该液体（或固体）的蒸气压。在封闭条件中，一定温度下，液体物质在一定温度下处于液气平衡共存时蒸气的压力被称为液体的饱和蒸气压；固体物质在一定温度下处于固气平衡共存时蒸气的压力被称为固体的饱和蒸气压。

饱和蒸气压是物质的一个重要性质，它的大小取决于物质的本性和温度。物质的沸点、液体混合物的相对挥发度等都与之有关，饱和蒸气压越大，表示该物质越容易挥发。同一物质在不同温度下有不同的蒸气压，并随着温度的升高而增大。不同液体饱和蒸气压不同，溶质难溶时，纯溶剂的饱和蒸气压大于溶液的饱和蒸气压；对于同一物质，固态的饱和蒸气压小于液态的饱和蒸气压。

如：在 30℃时，水的饱和蒸气压为 4132.982Pa，乙醇为 10532.438Pa；而在 100℃时，水的饱和蒸气压增大到 101324.72Pa，乙醇为 222647.74Pa。

在理解饱和蒸气压的概念时，需要注意：

(1) 蒸气压既是气体对液体（或固体）的作用，也是液体（或固体）对气体的作用。

(2) 在同一个温度下，可以存在小于或等于饱和蒸气压的多种蒸气压，而同一个温度下，只有一种蒸气压是饱和蒸气压。

为了了解溶液的性质与组成的关系，接下来介绍稀溶液的基本理论——拉乌尔定律和亨利定律。

B　拉乌尔定律

法国科学家拉乌尔在对溶液的性质进行研究时，发现在温度恒定的条件下，稀溶液中溶剂的蒸气压等于纯溶剂的蒸气压乘以溶剂在此溶液中的摩尔分数，即：

$$p_A = p_A^* \cdot x_A \tag{1-40}$$

式中　p_A^*——纯溶剂的蒸气压；

x_A——溶剂的摩尔分数。

式（1－40）表明：溶液的浓度愈大，溶剂的蒸气压下降得愈厉害。

若某二元溶液的两个组分都是挥发性物质时，则两者的蒸气压都会受到影响，根据拉乌尔定律，每个组分的蒸气压为：

$$p_A = p_A^* \cdot x_A,\ p_B = p_B^* \cdot x_B$$

这说明当向溶液中加入某一组分物质时，则其他组分的蒸气压会降低。

拉乌尔定律一般只适用于非电解质溶液，电解质溶液中的组分因存在电离现象，故拉乌尔定律不再适用。使用拉乌尔定律计算溶剂的蒸气压时，溶剂的摩尔质量应采用其呈气态时的摩尔质量，而不考虑分子的缔合等因素。

C　亨利定律

英国化学家亨利总结出稀溶液的另一条重要经验定律：在一定温度和平衡状态下，气体在液体中的溶解度与该气体的分压成正比，即亨利定律。其数学表达式为：

$$p_B = k_x \cdot x_B \tag{1-41a}$$

式中　p_B——该气体在达到平衡时液面上的分压；

x_B——溶质（即气体）在溶液中的摩尔分数；

k_x——亨利常数，其值与温度、溶质和溶剂的性质有关。

当溶液浓度很稀时，亨利定律可以简化地用质量摩尔浓度或物质的量浓度表示：

$$p_B = k_m \cdot b_B \tag{1-41b}$$

式中　b_B——溶质的质量摩尔浓度；

k_m——与 b_B 相应的亨利常数，$k_m = k_x \cdot M_A$。

$$p_B = k_c \cdot c_B \tag{1-41c}$$

式中　c_B——溶质的物质的量浓度；

k_c——与 c_B 相应的亨利常数。

式（1－41a）、式（1－41b）和式（1－41c）中出现的 k_x、k_m 和 k_c 均称为亨利常数。对同一种溶液，这三种亨利常数分别适用于不同的浓度表示法，它们的数值也不相同，但计算出来的 p_B 却是相同的。在应用亨利定律时需要注意：

（1）亨利定律中的 p_B 是溶质在气相中的分压，对于混合气体，在总压不大时，亨利定律分别适用于每一种气体，近似与其他气体的分压无关。

（2）在应用亨利定律时需注意溶质在气相和液相中的分子状态应一致，否则不适用。如：氯化氢在气相以 HCl 形式存在，而在液相中 HCl 电离为 H^+ 和 Cl^-，两相中的形态不一样，不能用亨利定律来计算盐酸液面上氯化氢的分压。

（3）气体在液相溶剂中的溶解度一般随着温度的升高而降低，亨利常数的值随之减小。但对于某些有机溶剂，也有气体的溶解度随温度的升高而增大的情况。亨利定律一般只适用于稀溶液，当溶液浓度较高时亨利定律会产生较大偏差。

1.3.2.3　分配定律

能斯特通过大量的实验发现：在一定温度、压力下，当溶质溶解在两种不互溶的液体中达到平衡时，若所形成的溶液浓度不大，则溶质在这两个液相中的浓度之比为一常数，这就是能斯特分配定律，简称为分配定律。其数学表达式为：

$$L_c = \frac{c_{B(\alpha)}}{c_{B(\beta)}} \tag{1-42}$$

式中 L_c——比例系数，称为分配系数或分配常数，是温度和压力的函数；

$c_{B(\alpha)}$——B 物质在 α 相中的浓度；

$c_{B(\beta)}$——B 物质在 β 相中的浓度。

当然，浓度还可以用质量分数 w 来表示。

分配定律是萃取操作的理论基础。符合分配定律的条件除要求溶质在两液相中的浓度均不大外，还要求它在两相中具有相同的存在形式。若溶质 B 在 α 相中以单分子存在，在 β 相中完全以二聚体形式 B_2 存在，则分配定律将成为：

$$L_c = \frac{c^2_{B(\alpha)}}{c_{B(\beta)}}$$

分配定律在冶金中也非常重要。在火法冶金中，常常得到许多互不相溶、按其密度的不同而分层的熔体，各元素和化合物分布在这些冶金熔体中，分布的规律遵循分配定律。如炼钢时得到的钢液与熔渣互不相溶，而磷元素能以不同的形式溶解在钢液和熔渣中，并服从分配定律：

$$L_c = \frac{\omega_{(P_2O_5)}}{\omega_{[P]}}$$

从而可以通过分配定律来分析冶金过程中杂质的脱除效果。

1.3.2.4　活度和标准态

A　活度

在实际的电解质溶液中，由于离子之间相互制约作用的存在，使得离子不能发挥出其浓度数值所示的作用。继续用原浓度值来表示真实溶液的组成已经不再合适，于是引入了活度的概念，来表示实际溶液与理想溶液的偏差。活度是组分的有效浓度（或称热力学浓度）。组分的浓度必须用一系数校正，方能使理想溶液（或极稀溶液）的热力学公式（如质量作用定律、拉乌尔定律、亨利定律、分配定律等）适用于真实溶液。活度定义为：

$$a_B = \gamma_B \cdot x_B \quad 或 \quad a_B = f_B \cdot x_B \tag{1-43}$$

式中 a_B——真实溶液中组分 B 的活度；

x_B——真实溶液中组分 B 的浓度；

γ_B，f_B——组分 B 的活度因子，可以小于 1，也可以大于 1。

从式（1-43）可知，活度实际上是经过校正的浓度，将它理解为“有效浓度”。所谓有效浓度是真实溶液对拉乌尔定律或亨利定律有效，其对应的活度因子分别为 γ_B 或 f_B。

活度因子 γ_B 或 f_B 的大小表示真实溶液与理想溶液的偏差方向和程度：

当 $\gamma_B > 1$ 或 $f_B > 1$，则 $a_B > x_B$，该体系对拉乌尔定律或亨利定律产生正偏差；

当 $\gamma_B < 1$ 或 $f_B < 1$，则 $a_B < x_B$，该体系对拉乌尔定律或亨利定律产生负偏差；

当 $\gamma_B = 1$ 或 $f_B = 1$，则 $a_B = x_B$，该体系为理想溶液。

绝大多数的冶金反应都有溶液（固溶体、冶金熔体及水溶液）参加，而这些溶液经常都不是理想溶液。要进行定量的热力学计算和分析，溶液中各组分的浓度必须使用活度。

B 活度的标准状态

某组分的标准状态就是规定该组分的活度为 1 时的状态。由于溶液中溶质和溶剂在进行浓度校正时所依据的定律分别为亨利定律和拉乌尔定律，则标准状态有不同的选择。常用的标准状态有下列几种情况：

（1）以纯物质作为标准态。是以拉乌尔定律为基础，用纯物质的蒸气压 p_B^* 来计算活度。对真实溶液有 $a_B=\dfrac{p_B}{p_B^*}=\gamma_B\cdot x_B$，则当 $x_B\to 1$ 时，对理想溶液符合拉乌尔定律，则 $a_B=x_B$，$\gamma_B=1$。

当 $a_B=1$ 时，$p_B=p_B^*$，即规定纯物质 B 作为 B 的标准状态，以纯物质作为标准状态求出 B 组分其他浓度时的活度及活度因子。对冶金和化工中各类浓溶液均适用，没有区别。如对冶金熔渣中的组元、金属熔体中的主金属，多采用这种方法计算活度。

（2）以假想纯物质作为标准态。是以亨利定律为基础，用假设的纯物质的蒸气压 $k_{H,x}$ 来计算活度。对无限稀溶液中的溶质 B，由亨利定律有 $a_B=\dfrac{p_B}{k_{H,x}}=f_B\cdot x_B$，则当 $x_B\to 0$ 时，对理想稀溶液符合亨利定律，则 $a_B=x_B$，$f_B=1$。组分 B 的浓度越大，a_B 与 f_B 的偏差越大。如对金属熔体中溶解的其他元素可以采用这种方法计算活度。

（3）以质量分数为 1% 的溶液为标准状态，简称 1% 标准态。是以亨利定律为基础，用质量分数为 1% 的溶液的蒸气压来计算活度。对真实溶液由亨利定律有 $a_B=\dfrac{p_B}{k_{H,\omega}}=f_B\cdot\omega_B$，则当 $x_B\to 0$ 时，对理想稀溶液符合亨利定律，则 $a_B=\omega_B$，$f_B=1$。

【例 1－7】 表 1－3 中的数据为 1000K 时 Mg-Cu 系中 Mg 的饱和蒸气压与组成的关系。现以纯液态 Mg 为标准状态，求活度和活度因子。

表 1－3 1000K 时 Mg-Cu 系中 Mg 的饱和蒸气压与组成的关系

x_{Mg}	1.000	0.936	0.765	0.581	0.330	0.224
p_{Mg}/Pa	1501	1381	1100	575.5	119.0	40.02

解：以纯液态 Mg 为标准状态，则 $a_{Mg}=\dfrac{p_{Mg}}{p_{Mg}^*}=\gamma_{Mg}\cdot x_{Mg}\Rightarrow\gamma_{Mg}=\dfrac{a_{Mg}}{x_{Mg}}$

由第一组数据：$x_{Mg}=1.000$ 时，则 $p_{Mg}^*=1501\text{Pa}$

所以当 $x_{Mg}=0.936$ 时，$a_{Mg}=\dfrac{p_{Mg}}{p_{Mg}^*}=\dfrac{1381}{1501}=0.920\Rightarrow\gamma_{Mg}=\dfrac{a_{Mg}}{x_{Mg}}=\dfrac{0.920}{0.936}=0.983$

其余数据皆按以上方法进行计算，得：

x_{Mg}	1.000	0.936	0.765	0.581	0.330	0.224
a_{Mg}	1	0.920	0.733	0.383	0.0793	0.0267
γ_{Mg}	1	0.983	0.958	0.659	0.240	0.119

在冶金生产过程中，对冶金熔体中各组分标准状态的选择注意以下几点：

（1）若金属液中溶解的浓度不高，作为溶剂的主金属可以纯物质为标准状态，则 $\omega_B=1$ 或 $x_B=1$，而 $a_B=x_B=1$，$\gamma_B=1$。

（2）当形成饱和溶液的组分B以纯物质为标准状态时，$a_B=1$。

（3）若溶液为极稀溶液，则可用浓度代替活度进行计算。

（4）熔渣以氧化物为主，其浓度很高，应选择纯物质为标准状态。

如冶金反应中通常至少涉及两类溶液：主金属液中含有浓度不高的其他组元而构成的溶液，一般按稀溶液考虑；熔渣、熔锍等多种物质混合构成的浓溶液，其极限状态一般按完全理想溶液来考虑。对金属液多以亨利定律为基准，采用质量分数为1%的溶液作为标准状态，以摩尔分数 x_B（多用于有色冶金）或质量分数 ω_B（多用于钢铁冶金）表示其浓度；对熔渣或熔锍，则通常以拉乌尔定律为基础，采用纯物质作为标准态，以摩尔分数 x_B 表示其浓度。

活度应用于冶金过程，使得冶金反应能定量地进行热力学计算和分析，在阐明多种反应能否选择地进行、控制调整产物能否达到最大产率、控制冶炼操作如何在最优化条件下进行等方面，起到了非常重要的作用。冶金熔体（包括固溶体及水溶液）中组分活度的测定，利用活度探索熔体结构，以及从设想的结构预测组分的活度及其他热力学性质等，将是今后较长期的较重要的研究课题。

1.3.3 教学实施建议

本任务内容以介绍活度为主，教师可以冶金生产中的熔体为实际案例引导学生选择适当的标准状态，从而加深对活度和标准状态的理解。

1.3.4 思考与练习

一、填空题

1. 亨利定律指____。
2. 拉乌尔定律指______________________________________。
3. 活度的实质是______________________________________。
4. 摩尔分数为0.5的甲醇水溶液在298.15K和标准大气压力下，每摩尔溶液的体积为 $2.83\times10^{-5}m^3/mol$，甲醇的偏摩尔体积为 $3.95\times10^{-5}m^3/mol$，把1mol甲醇加入上述大量溶液中，体积增加________ m^3。
5. 溶质为挥发性的理想稀溶液，在温度为 T 的气、液平衡相中，溶剂A在气相中的组成为 $y_A=0.89$，在液相中 $x_A=0.85$，该温度时纯A的蒸气压为50kPa，则溶质B的亨利常数为________。

二、选择题

1. 关于亨利系数，下面的说法中正确的是（　　）。
   A. 其值与温度、浓度和压力有关
   B. 其值只与温度、溶质性质和浓度标度有关
   C. 其值与溶剂性质、温度和浓度大小有关

D. 其值与温度、溶剂和溶质的性质及浓度标度等因素都有关

2. 涉及溶液性质的下列说法中正确的是（　　）。

A. 理想溶液中各组分的蒸气一定是理想气体

B. 溶质服从亨利定律的溶液一定是极稀溶液

C. 溶剂服从拉乌尔定律，其蒸气不一定是理想气体

D. 溶剂中只有加入不挥发溶质其蒸气压才下降

3. 二元溶液，B 组分的亨利系数等于同温度纯 B 的蒸气压。按拉乌尔定律定义活度因子（　　）。

A. $\gamma_A > \gamma_B$　　B. $\gamma_A = \gamma_B = 1$　　C. $\gamma_B > \gamma_A$　　D. $\gamma_A \neq \gamma_B \neq 1$

4. 在等温、等压下，溶剂 A 和溶质 B 形成一定浓度的稀溶液，采用不同浓度表示的话，则（　　）。

A. 溶液中 A 和 B 的活度不变　　B. 溶液中 A 和 B 的标准化学势不变

C. 溶液中 A 和 B 的活度因子不变　　D. 溶液中 A 和 B 的化学势值不变

三、判断题

1. 亨利系数与温度、压力以及溶剂和溶质的性质有关。（　　）

2. 溶液标准态的选择有三种。

（1）符合拉乌尔定律 $a_{B(R)} = \nu_B \cdot \chi_B$（　　）

（2）符合亨利定律 $a_{B(H)} = f_B \cdot C_B$（　　）

（3）符合 1% 溶液作标准态 $a_{B(\%)} = [1\%] \cdot f_B$（　　）

3. 液体的饱和蒸气压与温度无关。（　　）

4. 一定温度下，理想液态混合物中的溶质遵循亨利定律，溶剂遵循拉乌尔定律。（　　）

5. 一定温度下，理想稀薄溶液中的溶质和溶剂都遵循拉乌尔定律。（　　）

四、计算题

1. 300K 时，纯 A 和纯 B 可形成理想的混合物，试计算如下两种情况的 Gibbs 自由能的变化值：

（1）从大量的等物质量的纯 A 与纯 B 形成的理想混合物中，分出 1mol 纯 A 的 ΔG；

（2）从 A 与纯 B 各为 2mol 所形成的理想混合物中，分出 1mol 纯 A 的 ΔG。

2. 在 288K 时，1mol NaOH（s）溶在 4.559 mol 的纯水中所形成的溶液的蒸气压为 596.5Pa，在该温度下，纯水的蒸气压为 1705Pa。试求溶液中水的活度。

任务1.4 化 学 平 衡

知识目标：

（1）掌握化学反应等温式，明确其意义及应用；

（2）掌握标准平衡常数及其相关计算方法；

（3）理解压力、温度等因素对化学平衡的影响。

能力目标：

（1）能进行平衡组成、标准平衡常数的相关计算；

(2) 会根据热力学数据计算冶金化学反应的标准吉布斯自由能值及标准平衡常数，并判断反应的方向及限度。

1.4.1 任务描述

在实际生产中，常常遇到这样一些问题：要使反应按生产需要的方向进行应该如何控制反应条件？在给定条件下，反应进行到什么限度为止？利用热力学原理和规律，可以从原则上确定反应进行的方向、平衡的条件，以及反应所能达到的最高限度和此时各物质之间的数量关系。这对实际的实验和生产具有指导性的作用。例如，在预知反应不可能进行的条件下，或理论产率极低的情况下，就不必再耗费人力、物力和时间去进行探索性的实验。又如在给定条件下，反应有理论上的最大限度，不可能超越这个限度，也不可能借助添加催化剂来改变这个限度，只有改变反应条件，才能在新的条件下达到新的限度。本任务将介绍化学平衡的相关计算及影响因素，并以氧化物的分解反应为例介绍化学平衡的研究对实际生产的意义。

1.4.2 相关知识

1.4.2.1 化学反应平衡常数

根据热力学第二定律，在等温等压条件下，当 $\Delta G(T)>0$ 时，化学反应不能正向自发进行；当 $\Delta G(T)<0$ 时，则化学反应能正向自发进行。化学反应进行的整个过程中，反应物的浓度逐渐减小，产物的浓度逐渐增加，产物和反应物吉布斯自由能之差趋近于零，直到 $\Delta G(T)=0$ 时，达到平衡。平衡状态表明了在一定条件下化学反应进行到何种程度为止。只要外界条件不变，平衡状态不再随时间变化。但是，外界条件一旦改变，原来的平衡状态就要遭到破坏，这时，体系又要按照新的条件建立新的平衡状态。平衡状态从宏观上看似乎是静止状态，而实际上是正逆反应速率相等，反应在不断地进行，是一种动态平衡。

现假设有一个单相反应，在一定温度和压力下达到平衡：

$$a\mathrm{A(g)}+b\mathrm{B(g)}\longrightarrow y\mathrm{Y(g)}+z\mathrm{Z(g)}$$

其中 A、B 是反应物，Y、Z 是产物，都是气体物质，并假设都是理想气体。a、b、y、z 为各物质的系数。设 p_A、p_B、p_Y、p_Z 分别表示各气体的平衡分压。根据公式 $dG=Vdp$，对于理想气体，考虑到平衡时 $\Delta G(T)=0$，用各生成物浓度的化学计量数次幂的乘积除以各反应物浓度的化学计量数次幂的乘积所得的比值是个常数，即化学平衡常数，用 K 表示。标准状态下的化学平衡常数 $K^{\ominus}$，称为标准平衡常数，其数学表达式为：

$$K^{\ominus}=\frac{\left(\frac{p_Y}{p^{\ominus}}\right)^{y}\cdot\left(\frac{p_Z}{p^{\ominus}}\right)^{z}}{\left(\frac{p_A}{p^{\ominus}}\right)^{a}\cdot\left(\frac{p_B}{p^{\ominus}}\right)^{b}}\tag{1-44}$$

这就是化学平衡常数的数学表达式。其中 $K^{\ominus}$ 为平衡常数，p_A、p_B、p_Y、p_Z 为各气体的平衡分压，$\frac{p_i}{p^{\ominus}}$ 使 $K^{\ominus}$ 成为无量纲的纯数。而 $\Delta G^{\ominus}(T)$ 只是温度的函数，温度一定时 $\Delta G^{\ominus}(T)$

为一定值。所以很容易看出 $K^{\ominus}$ 只与温度有关，与体积和压力无关系，温度一定时 $K^{\ominus}$ 为常数。

式（1－44）是单相反应的标准平衡常数，但是冶金过程中的反应大都属于多相反应。假设前述反应中有一个物质为纯固相（或纯液相），即：

$$aA(g)+bB(g)\longrightarrow yY(g)+zZ(s)$$

对于有固体或液体参加的化学反应，在一定温度下，反应达到平衡时，固体或液体的平衡分压应等于该温度下的饱和蒸气压。而饱和蒸气压与该组分的浓度有关，则标准平衡常数可表示为：

$$K^{\ominus}=\frac{\left(\frac{p_Y}{p^{\ominus}}\right)^y\cdot(x_z)^z}{\left(\frac{p_A}{p^{\ominus}}\right)^a\cdot\left(\frac{p_B}{p^{\ominus}}\right)^b} \tag{1-45}$$

必须指出，标准平衡常数表示式仅适用于理想气体或理想溶液（包括稀溶液）的反应系统，对于那些高压下的真实气体或浓度大的真实溶液反应体系，则要用“逸度”、“活度”表示平衡常数，式（1－45）可变为：

$$K^{\ominus}=\frac{\left(\frac{p_Y}{p^{\ominus}}\right)^y\cdot(a_z)^z}{\left(\frac{p_A}{p^{\ominus}}\right)^a\cdot\left(\frac{p_B}{p^{\ominus}}\right)^b} \tag{1-46}$$

通常在简单的计算和分析中，近似将体系中那些浓度非常高的物质按纯物质来处理，也就是说 $x_B=1$ 或 $a_B=1$。此时，可将标准平衡常数近似地表示为：

$$K^{\ominus}=\frac{\left(\frac{p_Y}{p^{\ominus}}\right)^y}{\left(\frac{p_A}{p^{\ominus}}\right)^a\cdot\left(\frac{p_B}{p^{\ominus}}\right)^b} \tag{1-47}$$

如，反应 $CaCO_3(s)=CaO(s)+CO_2(g)$，其中的 $CaCO_3$ 和 CaO 均为固相，在其物相中近似认为是纯物质，即 $a_{CaCO_3}=1$，$a_{CaO}=1$，故该反应的标准平衡常数表示为：$K^{\ominus}=\frac{p_{CO_2}}{p^{\ominus}}$。

在理解平衡常数时，需注意：

（1）平衡常数是反应的特征常数，它不随物质的初始浓度而改变。因为对于特定的反应，只要温度一定，平衡常数就是定值，该常数与反应物或生成物的初始浓度无关。

（2）平衡常数数值的大小是反应进行程度的标志。因为平衡状态是反应进行的最大限度，而平衡常数的表达式很好地表示出了在反应达到平衡时的生成物和反应物的浓度关系，一个反应的平衡常数越大，说明反应物的平衡转化率越高。

（3）平衡常数明确了在一定温度下，体系达到平衡的条件。一个化学反应是否达到平衡状态，它的标志就是正反应速度等于逆反应速度，此时，各物质的浓度将不随时间而改变，而且，产物的浓度次方的乘积与反应物的浓度次方的乘积为一常数。

平衡常数在冶金中的应用很多，如可计算化学反应达到平衡时，各物质的浓度、平衡转化率等；可通过指定状态与平衡态的对比，判定反应的方向，创造条件以改变反应的方向和限度；可分析体系中各组分变化对体系的影响。

1.4.2.2　压力对平衡常数的影响

通过前面的分析可知，当反应达到平衡时，其标准平衡常数为式（1－44）的形式。若反应尚未达到平衡，即各物质的实际分压不是平衡分压，而是另一个数值时，体系发生的化学反应将向哪一个方向进行呢？要回答这个问题，必须找出一定温度下反应的吉布斯自由能变化与各物质的实际分压之间的关系，即化学反应等温方程式。

在等温等压条件下，有一理想气体反应 $a\mathrm{A(g)}+b\mathrm{B(g)}\rightarrow y\mathrm{Y(g)}+z\mathrm{Z(g)}$，各物质的实际分压分别为 p'_A、p'_B、p'_Y、p'_Z，平衡时的分压分别为 p_A、p_B、p_Y、p_Z，利用化学势将 G_Y、G_Z、G_A、G_B 表示出来，带入 $\Delta G(\mathrm{T})=G_Y+G_Z-(G_A+G_B)$，则有：

$$\Delta G(T)=\Delta G^{\ominus}(T)+RT\ln\frac{\left(\frac{p'_Y}{p^{\ominus}}\right)^y\cdot\left(\frac{p'_Z}{p^{\ominus}}\right)^z}{\left(\frac{p'_A}{p^{\ominus}}\right)^a\cdot\left(\frac{p'_B}{p^{\ominus}}\right)^b} \tag{1-48}$$

令

$$J^{\ominus}=\frac{\left(\frac{p'_Y}{p^{\ominus}}\right)^y\cdot\left(\frac{p'_Z}{p^{\ominus}}\right)^z}{\left(\frac{p'_A}{p^{\ominus}}\right)^a\cdot\left(\frac{p'_B}{p^{\ominus}}\right)^b} \tag{1-49}$$

将 $J^{\ominus}$ 称为分压商，其数值与反应进行的程度有关，则式（1－48）可变为：

$$\Delta G(T)=\Delta G^{\ominus}(T)+RT\ln J^{\ominus} \tag{1-50}$$

式（1－50）适合于任何状态，既适合于非平衡状态，也适合平衡状态。当体系达到平衡时，$p'_A=p_A$、$p'_B=p_B$、$p'_Y=p_Y$、$p'_Z=p_Z$，即 $J^{\ominus}=K^{\ominus}$ 时，$\Delta G(T)=0$，即：

$$0=\Delta G(T)=\Delta G^{\ominus}(T)+RT\ln J^{\ominus}$$

则有：

$$\Delta G^{\ominus}(T)=-RT\ln K^{\ominus} \tag{1-51}$$

将式（1－51）带入式（1－50）得：

$$\Delta G(T)=-RT\ln K^{\ominus}+RT\ln J^{\ominus}=RT\ln\frac{J^{\ominus}}{K^{\ominus}} \tag{1-52}$$

式（1－52）就是化学反应等温方程式。式中的 $K^{\ominus}$ 是在一定温度下反应达到平衡时的分压商即平衡常数；温度不变时为一定值。

化学反应等温方程式是化学平衡中的一个重要公式，利用它可以判定反应进行的方向和限度。

若 $J^{\ominus}<K^{\ominus}$，则 $\Delta G(T)<0$，正反应可以自发进行，而逆反应不能自发进行。

若 $J^{\ominus}>K^{\ominus}$，则 $\Delta G(T)>0$，逆反应可以自发进行，而正反应不能自发进行。

若 $J^{\ominus}=K^{\ominus}$，则 $\Delta G(T)=0$，反应处于平衡状态。

【例1－8】 已知反应 $2\mathrm{SO_2(g)}+\mathrm{O_2(g)}=2\mathrm{SO_3(g)}$ 在1000K时的 $K^{\ominus}$ 为3.45，若将2mol的 SO_2，1mol的 O_2 与1mol的 SO_3 放在一个容器中，总压为121.2kPa，温度为1000K，问反应将向哪个方向进行？

解：先计算给定条件下各物质的实际分压：

$$p'_{SO_3} = 1/(2+1+1)\times 121.2 = 30.3\text{kPa}$$

$$p'_{O_2} = 1/4 \times 121.2 = 30.3\text{kPa}$$

$$p'_{SO_2} = 2/4 \times 121.2 = 60.6\text{kPa}$$

所以 $$J^{\ominus} = \frac{\left(\frac{p_{SO_3}}{p^{\ominus}}\right)^2}{\left(\frac{p_{SO_2}}{p^{\ominus}}\right)^2 \cdot \left(\frac{p_{O_2}}{p^{\ominus}}\right)^1} = \frac{\left(\frac{30.3}{100}\right)^2}{\left(\frac{30.3}{100}\right)^2 \times \left(\frac{60.6}{100}\right)^2} = 0.84 < K^{\ominus}$$

则反应在该条件下向生成 SO_3 的方向进行。

【例1-9】 CuO按照下式分解：$4CuO(s) \longrightarrow 2Cu_2O(s) + O_2(g)$

（1）若已知反应的 $\Delta G^{\ominus}(1273K) = 31300\text{J/mol}$，计算在1273K时的分解压。

（2）问在大气中此反应的方向如何？

解：（1）因 $\Delta G^{\ominus}(T) = -RT\ln K^{\ominus}$

则 $$\lg K^{\ominus} = \frac{-31300}{2.303 \times 8.314 \times 1273} = -1.284$$

所以 $$K^{\ominus} = \frac{p_{O_2}}{p^{\ominus}} = 0.052 \Rightarrow p_{O_2} = 100 \times 0.052 = 5.2\text{kPa}$$

（2）因为大气中氧的分压 $p'_{O_2} = 21.28\text{kPa}$

所以 $$J^{\ominus} = \frac{p_{O_2}}{p^{\ominus}} = \frac{21.28}{100} = 0.21 > K^{\ominus}$$

因而 $\Delta G > 0$，即反应向生成CuO的方向进行。

1.4.2.3 温度对平衡常数的影响

在火法冶金和化工生产中，许多反应都是在较高的温度下进行的，仅仅有298K时的平衡常数是远远不够的。因此必须找出平衡常数与温度的关系，来计算各种温度时的平衡常数。

当压力不变时 $dG = -SdT + Vdp = -SdT$，在压力不变的情况下将 $\Delta G^{\ominus}(T) = -RT\ln K^{\ominus}$ 对 T 求微分，得：

$$\frac{d\ln K^{\ominus}}{dT} = \frac{\Delta H^{\ominus}}{RT^2} \tag{1-53}$$

式（1-53）表明气体反应的平衡常数与温度的关系，因是在等压的条件下得出的，所以称为化学反应等压方程式，又称为范特霍夫方程。因压力对热效应的影响不大，故可用 ΔH 代替 $\Delta H^{\ominus}$。式（1-53）表明：

对于吸热反应，有 $\Delta H > 0$，则 $\frac{d\ln K^{\ominus}}{dT} > 0$，说明 $K^{\ominus}$ 随温度的升高而增大。

对于放热反应，有 $\Delta H < 0$，则 $\frac{d\ln K^{\ominus}}{dT} < 0$，说明 $K^{\ominus}$ 随温度的升高而减小。

也就是说，升高温度有利于反应向吸热方向进行，降低温度有利于反应向放热方向进行。

对式（1－53）求积分，可以定量计算平衡常数随温度的变化。当温度变化不大时，近似认为 ΔH 是常数，则：

$$\ln\frac{K_2^{\ominus}}{K_1^{\ominus}}=\frac{\Delta H}{R}\left(\frac{1}{T_1}-\frac{1}{T_2}\right) \tag{1-54}$$

式中　$K_1^{\ominus}$——温度为 T_1 时的标准平衡常数；

$K_2^{\ominus}$——温度为 T_2 时的标准平衡常数。

【例1－10】　在高温下，制备水煤气的反应为 $C(s)+H_2O(g)═H_2(g)+CO(g)$，已知反应在1000K和1200K时的平衡常数分别为2.472和37.58。试求

（1）该反应在高温度区间内的 ΔH（设 ΔH 在该温度区间内为常数）；

（2）在1100K时的平衡常数。

解：（1）设 $T_1=1000K$，$T_2=1200K$，代入 $\ln\frac{K_2^{\ominus}}{K_1^{\ominus}}=\frac{\Delta H}{R}\left(\frac{1}{T_1}-\frac{1}{T_2}\right)$

$$\ln\frac{37.58}{2.472}=\frac{\Delta H}{8.314}\left(\frac{1}{1000}-\frac{1}{1200}\right)$$

$$\Delta H\approx\Delta H^{\ominus}=135.8\text{kJ/mol}$$

（2）设 $T_1=1000K$，$T_2=1100K$

$$\ln\frac{K_2^{\ominus}}{2.472}=\frac{135.8}{8.314}\left(\frac{1}{1000}-\frac{1}{1100}\right)$$

得

$$K_2^{\ominus}=10.91$$

1.4.2.4　平衡常数的计算方法

平衡常数的获得，除了直接用实验方法测得外，大部分用间接计算的方法求得。通常是先求出 $\Delta_r G_m^{\ominus}$ 的值，再带入式（1－51）中求出 $K^{\ominus}$。值得注意的是，$\Delta_r G_m^{\ominus}$ 是指在一定温度下各物质处于标准条件时的反应的吉布斯自由能变化值，而不是指反应处于平衡状态时的吉布斯自由能变化值，只有当 $\Delta_r G_m^{\ominus}=0$ 时，反应才达到平衡。下面介绍各种计算 $\Delta_r G_m^{\ominus}$ 的方法。

A　标准生成吉布斯自由能法

类似于前面我们求 $\Delta_r H_m^{\ominus}$ 和 $\Delta_r S_m^{\ominus}$ 的方法，先在热力学函数表中可以直接查出各种物质298K时的标准生成吉布斯自由能值 $\Delta_f G_m^{\ominus}$（298K），将这些数据带入下式即可求出298K时反应的标准自由能变化值 $\Delta_r G_m^{\ominus}$：

$$\Delta_r G_m^{\ominus}(298K)=\sum\nu_B\Delta_f G_m^{\ominus}(B,298K) \tag{1-55}$$

式中　ν_B——化学计量系数，对产物为正值，对反应物为负值。

由 $\Delta_r G^{\ominus}(T)=-RT\ln K^{\ominus}$ 即可求出298K时的 $K^{\ominus}$(298K)，再通过等压方程式（1－54）就可求出任意温度下的 $K^{\ominus}(T)$。

【例1－11】　试计算 $C(s)+CO_2(g)═2CO(g)$ 在400K时的平衡常数。

解：先从数据手册中查出各种物质的 $\Delta_f G_m^{\ominus}$(298K)及 $\Delta_f H_m^{\ominus}$(298K)值列于反应式下：

	$C(s)$ +	$CO_2(g)$	══ $2(CO)(g)$
$\Delta_f G_m^\ominus(298K)/kJ \cdot mol^{-1}$	0	$1\times(-394.38)$	$2\times(-137.269)$
$\Delta_f H_m^\ominus(298K)(298K)/kJ \cdot mol^{-1}$	0	$1\times(-393.511)$	$2\times(-110.525)$

所以 $\Delta_r G_m^\ominus(298K)=2\times(-137.269)-(-394.38)=119.84kJ$

由 $\Delta_r G^\ominus(T)=-RT\ln K^\ominus$

则解得： $K_1^\ominus=1.02\times10^{-21}$

又 $\Delta_r H_m^\ominus(298K)=2\times(-110.525)-(-393.511)=172.461kJ$

所以由等压方程的定积分式有：

$$\ln\frac{K_2^\ominus}{1.02\times10^{-21}}=\frac{172.461}{8.314}\left(\frac{1}{298}-\frac{1}{400}\right)$$

得 $K_2^\ominus=K^\ominus(400K)=5.23\times10^{-14}$

B 熵法

这种方法在前一任务已经讨论过。其具体计算过程分为以下三步骤：

(1) 先用热力学数据求出 $\Delta_r H^\ominus(298K)$ 和 $\Delta_r S^\ominus(298K)$ 的值。

(2) 再用以下公式求出 $\Delta_r H^\ominus(T)$、$\Delta_r S^\ominus(T)$ 及 $\Delta_r G^\ominus(T)$ 的值。

$$\begin{cases}\Delta_r H^\ominus(T)=\Delta_r H_{298}^\ominus+\int_{298}^{T}\Delta C_p \mathrm{d}T\\ \Delta_r S^\ominus(T)=\Delta_r S_{298}^\ominus+\int_{298}^{T}\frac{\Delta C_p}{T}\mathrm{d}T\\ \Delta_r G^\ominus(T)=\Delta_r H^\ominus(T)+T\cdot\Delta_r S^\ominus(T)\end{cases}$$

(3) 根据 $\Delta_r G^\ominus(T)=-RT\ln K^\ominus$ 求任意温度下的 $K^\ominus(T)$。

此法计算过程较麻烦，但计算结果比较精确。如果认为反应进行时体系的总热容不发生变化，即 $\Delta C_p\approx0$，则 ΔH 和 ΔS 都不随温度而变，计算过程将大为简化：

$$\Delta_r G^\ominus(T)=\Delta_r H^\ominus(298K)+T\cdot\Delta_r S^\ominus(298K) \qquad (1-56)$$

式（1-56）被称为熵法近似计算式，在生产中应用较广。

C 线性方程式

先把各种类型的反应的 $\Delta_r G^\ominus(T)$ 与 T 的关系整理成线性方程 $\Delta G^\ominus(T)=A+BT$(A、B 值通过数据手册获得)。再选择其几个方程适当地组合，就可得出所求的方程，然后将温度值代入，就可求得 $\Delta G^\ominus(T)$，因而可以求出平衡常数。

1.4.3 教学实施建议

本任务的教学以平衡常数的计算为主，建议以例题和习题为载体，引导学生学习和思考，加深对基本概念的理解。

1.4.4 思考与练习

一、填空题

1. 活度的标准态是指________________________________；

冶金中通常采用活度标准态的三种形式是________________、

____________________和____________________。

2. 1000K，反应 $CO(g)+\frac{1}{2}O_2(g)=CO_2(g)$ 的平衡常数为 1.659×10^{10}，反应 $C(s)+CO_2=2CO(g)$ 的平衡常数为 1.719，则反应 $CO_2(g)=CO(g)+\frac{1}{2}O_2(g)$ 的平衡常数为____________________，反应 $C(s)+\frac{1}{2}O_2(g)=CO(g)$ 的平衡常数为____________________。
3. 判断冶金生产中的化学反应能否向预想的方向进行，在等温等压下用____________热力学函数的变化值；若该反应在绝热过程中进行，则应该用____________函数的变化值来判断反应进行的方向。
4. 冶金生产中计算合金熔体中杂质元素的活度常选的标准态是____________________。对高炉铁液中［C］，当选纯物质为标准态时，其活度为____________，这是因为______________________________。
5. 热力学中，利用关系式 $\left(\frac{d\ln K}{dT}\right)_p=\frac{\Delta H}{RT^2}$ 来讨论化学反应的热效应对反应的影响。当化学反应为吸热时，随着反应温度的升高，平衡常数 K 的变化趋势为____________，对化学反应的正反应方向____________（填"有利"或"不利"）。
6. 在 1813K 时铁液中有反应 $[C]+CO_2=2CO$，其平衡常数表示为____________，当铁液中的碳含量为 1.5% 时，其平衡常数的值为 420。若铁液中的碳含量达到饱和时，其平衡常数的值为____________，该反应在 1813K 的 $\Delta G^\ominus$ 等于____________J。
7. 反应 $FeO(s)+CO=Fe(s)+CO_2$ 为可逆反应，其 $\Delta G^\ominus=-22880+24.26T$（J/mol），则 1173K 时反应的平衡常数 K 等于____________________。该反应的热效应近似为____________J。
8. 反应 $2FeO(s)+SiO_2(s)=2FeO\cdot SiO_2(l)$，$\Delta_r G^\ominus_{m(1)}=55850-40.58T$（J/mol）；$2FeO(s)+SiO_2(s)=2FeO\cdot SiO_2(s)$，$\Delta_r G^\ominus_{m(2)}=-36200+21.09T$（J/mol），则熔化过程 $FeO\cdot SiO_2(s)=FeO\cdot SiO_2(l)$ 的 $\Delta_r G^\ominus_{m(3)}$ 与温度的关系式为____________，计算的理论依据是____________________。
9. $4[C]+(Cr_3O_4)=3[Cr]+4CO$，$\Delta G^\ominus=934706-617.22T$（J/mol），在 1500℃，标准态下反应的方向是____________，该反应是____________（填"吸热"或"放热"），采用真空操作时，对反应的影响是____________。
10. 反应 $CrCl_2+H_2=Cr(s)+2HCl(g)$，在 1073K 时 $\Delta G^\ominus=58835$kJ/mol，在此温度和一定的气相成分下 $\Delta G=-125.92$kJ/mol，若要判断该反应在该条件下能否进行，用函数____________，该反应在该条件下____________（填"能"或"否"）进行。

二、简答题

1. 用等温方程讨论冶金中化学反应在等温等压下能否进行。
问：（1）写出等温方程式。（2）说明方程中的参数联系了哪些状态。
2. 某组元 B 溶解在溶液中形成饱和溶液，当以纯物质为标准态时，组元 B 的活度为 1，为什么？

三、计算及分析题

1. 在900℃，101.3kPa下使CO和H_2的混合气体通过催化剂来研究下列反应的平衡，把反应达到平衡后的气体进行分析，得到各气体的分压分别为$p_{CO_2}=21704Pa$；$p_{H_2}=25825Pa$；$p_{H_2O}=p_{CO}=26892Pa$，问各气体分压均为2×101.3kPa时反应能否进行？
2. 已知反应$Ni(CO)_4(g) \rightarrow Ni(s)+4CO(g)$的标准吉布斯自由能变化$\Delta G_m^\ominus$与温度的关系为$\Delta G_m^\ominus = 133860 - 368.1T$(J/mol)。试分析400K时，在标准状态下能否利用上述反应制取金属镍；若能，请求出400K时反应进行的限度，并找出提高理论转化率的途径。
3. 反应$NH_4Cl(s) = NH_3(g) + HCl(g)$的平衡常数在250~400K温度范围内为$\ln K^\ominus = 37.32 - 21020/T$，试计算300K时反应的$\Delta G^\ominus$、$\Delta H^\ominus$、$\Delta S^\ominus$。
4. 若按反应$CO(g)+H_2O(g) = H_2(g)+CO_2(g)$制备水煤气，其$\Delta H = -36400$J/mol。已知500K时，$K_1^\ominus = 126$，求600K时的$K_2^\ominus$。
5. 查表计算反应C(石墨)$+CO_2(g) = 2CO(g)$在298K时的平衡常数。
6. 利用下列给出数据

化学反应	A/J	B/J·K^{-1}
$C(s)+O_2(g) = CO_2(g)$	-394100	-0.84
$2C(s)+O_2(g) = 2CO(g)$	-223400	-175.31
$2H_2(g)+O_2(g) = 2H_2O(g)$	-493700	-109.90

用线性方程法求$CO(g)+H_2O(g) = CO_2(g)+H_2(g)$在1000K下的平衡常数。

7. 求反应$C_2H_5OH = C_2H_4 + H_2O$在400K时的$\Delta G^\ominus$(400K)和$K^\ominus$。

已知各物质298K时的热力学数据如下表所示：

物质	$\Delta_f H_m^\ominus$/kJ·mol^{-1}	$S_m^\ominus$/J·(mol·K)$^{-1}$
$C_2H_5OH(g)$	-235.3	282.0
$C_2H_4(g)$	52.922	219.45
$H_2O(g)$	-241.8	188.74

学习情境2 冶金熔体

任务2.1 认识“冶金熔体”

知识目标：

(1) 掌握冶金熔体的概念，熔渣中氧化物的分类；
(2) 熟悉熔渣的组成、作用；
(3) 了解熔盐和熔锍的组成、作用。

能力目标：

(1) 会识别熔渣的种类；
(2) 会判断氧化物的酸碱性。

2.1.1 任务描述

许多火法冶金过程都是在熔融的反应介质中进行的，很多火法冶金过程的产物或中间产品也为熔融状态物质，如高炉炼铁、炼钢、火法炼铜、火法炼铅、钒铁生产等冶金生产过程。将火法冶金过程中处于熔融状态的反应介质或反应产物称为冶金熔体。冶金过程的许多物理化学反应都与冶金熔体的物理化学性质有密切的关系。在研究冶金熔体的物理化学性质对冶金过程的影响前，先要认识什么是冶金熔体。本任务主要介绍冶金熔体的基础知识。

2.1.2 相关知识

冶金熔体是火法冶金过程中处于熔融状态的反应介质或反应产物，根据其成分的不同，通常冶金熔体分为金属熔体、熔渣、熔盐和熔锍四类。因熔渣、熔盐和熔锍的主要成分为各金属或非金属的化合物，常将这三类熔体统称为非金属熔体。

2.1.2.1 金属熔体

金属熔体是由各金属元素互溶形成的液态金属或合金，如高炉炼铁的铁水、转炉炼钢的钢液、钒铁合金生产中的含钒铁液等。金属熔体既是火法冶金过程的主要产品，又是冶炼过程中多相反应的直接参加者。例如，炼钢过程中的许多物理过程和化学反应都是在钢液与熔渣之间进行的。可见金属熔体的物理化学性质对冶炼过程的热力学和动力学都有很重要的影响，其结构和性质对冶金过程有直接影响。

2.1.2.2 熔渣

熔渣指火法冶金生产过程中生成的浮在金属等液态物质表面的熔体，主要由氧化物熔融而成，还常含有硫化物并夹带少量金属。它是钢铁冶炼、铁合金生产及有色重金属冶炼和精炼等过程的重要产物之一，其产出量超出金属或锍许多倍。在冶金过程中，熔渣与金属熔体、熔盐、熔锍及炉气等产物之间发生着各种物理化学反应，达到该冶金过程所预期的目的。最终因炉渣与金属或熔锍间的溶解度小以及两者密度不同而得与分离。

A 熔渣的来源

（1）矿石或精矿中的脉石，如高炉渣和某些有色冶金炉渣（包括 CaO、SiO_2、Al_2O_3 等）。

（2）为满足冶炼过程需要而加入的熔剂，如为改善熔渣的物理化学性能而加入的 CaO、SiO_2、CaF_2 等。

（3）冶炼过程中金属或化合物（如硫化物）的氧化产物，如炼钢的炉渣（包括 FeO、Fe_2O_3、MnO、TiO_2、P_2O_5 等），造锍熔炼的炉渣（包括 FeO、Fe_3O_4 等）。

（4）被熔融金属或熔渣侵蚀和冲刷下来的炉衬材料，如碱性炉渣炼钢时，来自镁砂炉衬的 MgO。

B 熔渣的组成

熔渣通常是一种非常复杂的多组分体系，除含有 CaO、FeO、MnO、MgO、Al_2O_3、SiO_2、P_2O_5、Fe_2O_3 等氧化物外，还可能含有少量的氟化物（如 CaF_2）、氯化物（如 NaCl）、硫化物（如 CaS、MnS）等其他类型的化合物，甚至还夹带少量的金属。熔渣中含量最多的氧化物通常只有三种，其总含量可达 80% 以上。如大多数有色冶金炉渣和钢渣的主要氧化物是 FeO、CaO、SiO_2；高炉渣和某些有色冶金炉渣的主要氧化物为 CaO、Al_2O_3、SiO_2。表 2-1 列出了一些炉渣的组成。

表 2-1 常见炉渣组成 （质量分数/%）

炉渣	高炉炼铁渣	转炉炼钢渣	铜闪速炉熔炼渣	铅鼓风炉熔炼渣	锡反射炉熔炼渣	高钛渣
SiO_2	30~40	9~20	28~38	19~35	19~24	1.8~5.6
Al_2O_3	10~20	0.1~2.5	2~12	3~5	8~10	1~6
CaO	35~50	37~59	5~15	0~20	1.5~6	0.3~1.2
FeO	<1	5~20	38~54	28~40	45~50	2.7~6.5
MgO	5~10	0.6~8	1~3	3~5		1.5~5.6
MnO	0.5~1	1.3~10				1~1.5
其他	S 1~2	P_2O_5 1~6	Fe_3O_4 12~15 S 0.2~0.4 Cu 0.5~0.8	Pb 1~3.5	Sn 7~9	TiO_2 82~92

构成熔渣的氧化物根据对 O^{2-} 的行为分为三类：

（1）碱性氧化物：能供给氧离子 O^{2-} 的氧化物，CaO、MnO、FeO、MgO、Na_2O、TiO

等，如：

$$CaO = Ca^{2+} + O^{2-}$$

（2）酸性氧化物：能吸收 O^{2-} 而形成复合阴离子的氧化物，SiO_2、P_2O_5、V_2O_5 等，如：

$$SiO_2 + O^{2-} \longrightarrow SiO_2^{2-}$$

（3）两性氧化物：在酸性氧化物过剩时可供给 O^{2-} 而呈碱性，而在碱性氧化物过剩时会吸收 O^{2-} 形成复合阴离子而呈酸性的氧化物，Al_2O_3、Fe_2O_3、Cr_2O_3、ZnO 等，如：

$$Al_2O_3 = 2Al^{3+} + 3O^{2-}$$

$$Al_2O_3 + O^{2-} \longrightarrow AlO^{2-}$$

熔渣中氧化物碱性或酸性强弱的次序：

$$CaO、MnO、FeO、MgO、CaF_2、Fe_2O_3、Al_2O_3、TiO_2、SiO_2、P_2O_5$$

碱性增强 ⟵ 中性（两性）⟶ 酸性增强

对于同一种金属，通常其高价氧化物显酸性或两性，而其低价氧化物显碱性，如 $FeO(Fe^{2+})$、$Fe_2O_3(Fe^{3+})$；$VO(V^{2+})$、$V_2O_3(V^{3+})$、$VO_2(V^{4+})$、$V_2O_5(V^{5+})$ 等。

熔渣的物理化学性质主要由熔渣的组成决定，如根据组成不同，熔渣冷凝后成为岩石状或玻璃状物质。生产实践中，必须根据各种冶炼过程的特点，合理地选择炉渣成分，使之具有符合冶炼要求的物理化学性质，如适当的熔化温度和酸碱性、较低的黏度和密度等。

C　熔渣在冶金中的意义

在冶金过程中通过对炉渣组分和性质的控制，可实现多种冶金生产目的，炉渣在保证冶炼产品质量、金属回收率、冶炼操作顺行以及各项技术经济指标方面都起着决定性的作用。

（1）熔渣是进行冶金物理化学反应的载体。它为各冶金过程的物理化学反应顺利进行提供场所和条件。如转炉炼钢过程中，扩散脱氧是利用脱氧剂与熔渣中的氧反应而达到脱除钢液中过量氧的目的，此时脱氧反应在熔渣中进行。

（2）熔渣作为金属液滴或锍的液滴汇集、长大和沉降的介质可使脉石组分或杂质氧化产物与金属熔体或熔锍顺利分离。冶炼中生成的金属液滴或锍的液滴最初是分散在熔渣中的，这些分散的微小液滴的汇集、长大和沉降都是在熔渣中进行的。

（3）在竖炉（如鼓风炉）冶炼过程中，炉渣的化学组成直接决定了炉缸的最高温度。对于低熔点渣型，燃料消耗量的增加，只能加大炉料的熔化量而不能进一步提高炉子的最高温度。

（4）在许多金属硫化矿物的烧结焙烧过程中，熔渣是一种黏合剂。烧结时，熔化温度较低的炉渣将细粒炉料黏结起来，冷却后形成了具有一定强度的烧结块或烧结球团。

（5）在金属和合金的精炼时，熔渣覆盖在金属熔体表面，可以防止金属熔体被氧化性气体氧化，减小有害气体（如 H_2、N_2）在金属熔体中的溶解。近些年来在实验室和工业生产中发现，熔渣具有一定的溶解气体的能力并且有不同的透气性。

（6）熔渣可以富集有用金属氧化物，作为能综合利用的冶炼中间产品，变废为宝。如钛铁矿电炉冶炼的高钛渣、含钒铁水吹炼得到的钒渣等。

（7）在电炉冶炼（电弧炉、矿热电炉、电渣重熔炉等）中炉渣还起着电阻发热体的作用。

(8) 熔渣是冶金过程中的传热介质。如用反射炉熔炼钒铁合金时，可通过熔渣将热量传递给金属熔体。

同时，熔渣对冶金过程也会产生一些不良影响：

(1) 熔渣对炉衬的化学侵蚀和机械冲刷将大大缩短炉子的使用寿命。

(2) 熔渣带走了大量热量，大大地增加了燃料消耗。

(3) 熔渣中含有各种有价金属，降低了金属的直收率。

D　熔渣的种类

不同的熔渣所起的作用是不一样的，根据熔渣在冶炼过程中的作用，可将其分成四类。

(1) 冶炼渣（熔炼渣）。冶炼渣是在以矿石或精矿为原料、以粗金属或熔锍为冶炼产物的熔炼过程中生成的。其主要作用是汇集炉料（矿石或精矿、燃料、熔剂等）中的全部脉石成分、灰分以及大部分杂质，从而使其与熔融的主要冶炼产物（金属、熔锍等）相分离。

例如，高炉炼铁过程中，铁矿石中的大量脉石成分与燃料（焦炭）中的灰分以及添加的熔剂（石灰石、白云石、硅石等）发生反应，形成炉渣，从而与金属铁分离。再如造锍熔炼过程中，铜、镍的硫化物与炉料中铁的的硫化物熔融在一起，形成熔锍，铁的氧化物则与造渣熔剂 SiO_2 及其他脉石成分形成熔渣。

(2) 精炼渣（氧化渣）。精炼渣是粗金属精炼过程的产物。其主要作用是捕集粗金属中杂质元素的氧化产物，使之与主金属分离。

例如，在用生铁或废钢炼钢时，原料中杂质元素的氧化产物与加入的造渣熔剂融合成 CaO 和 FeO 含量较高的炉渣，从而除去钢液中的硫、磷等有害杂质，同时吸收钢液中的非金属夹杂物。

(3) 富集渣。富集渣是某些熔炼过程的产物。其作用是使原料中的某些有用成分富集于炉渣中，以便在后续工序中将它们回收利用。

例如，从钛铁矿中提取金属钛时，通常先在电炉中经还原熔炼将钛与铁、脉石等分离，富集钛得到高钛渣，再从高钛渣进一步提取金属钛。再如对于含钒铁水，一般先进行转炉吹炼，使绝大部分钒进入渣中，然后再冶炼钒渣得到各种钒制品。

(4) 合成渣。合成渣是指由为达到一定的冶炼目的、按一定成分预先配制的渣料熔合而成的炉渣。如电渣重熔用渣、铸钢用保护渣、钢液炉外精炼用渣等。这些炉渣在冶金中所起的作用差别很大。

例如，电渣重熔渣一方面作为发热体，为精炼提供所需要的热量；另一方面还能脱出金属液中的杂质、吸收非金属夹杂物。而保护渣的主要作用是减少熔融金属液面与大气的接触，防止其二次氧化，减少金属液面的热损失。

熔渣在火法冶金过程中具有非常重要的作用，熔渣的性质取决于其组成。学会配制合理成分的熔渣是冶金工作者必备的知识之一。

2.1.2.3　熔盐

熔盐是指在标准温度和大气压下呈固态，而温度升高后存在于液相的盐类。通常把熔融无机盐称为熔盐，例如碱金属、碱土金属的卤化物、硝酸盐、硫酸盐的熔融体。熔盐是金属阳离子和非金属阴离子所组成的熔融体。能构成熔盐的阳离子有80余种，阴离子有30余种，组合成的熔盐可达2400余种。由于金属阳离子可有几种不同的价态，阴离子还可组成不同的络合阴离子，实际上熔盐的数目将超过2400种。

熔盐是冶金工业中的常用物料，戴维的熔盐电解法就是以熔盐为原料制取化学性质较活泼的金属，如铝、镁、稀土金属、钠、锂、钙、钍、铀、钽等。19世纪末以来用冰晶石－氧化铝系熔盐电解炼铝和用含氯化镁的氯化物熔盐系电解炼镁都已进行大规模工业生产。铝、钛等金属可用可溶性阳极熔盐电解（电积）方法精炼。在冶金工业中，熔盐还用作合金电渣熔炼用炉渣、轻合金熔炼和焊接用熔剂、合金热处理盐浴炉的介质等。随着原子能工业和核燃料冶金技术的发展，熔盐获得了更为广泛的应用。除了核燃料制取和核燃料后处理可以使用熔盐电解质或反应介质外，采用氟化锂－氟化铍－氟化钍熔盐系为核燃料的熔盐反应堆，有希望成为利用钍作核燃料的新能源。熔盐载热剂用于化工、冶金生产，也有可能用于原子能工业。以熔盐为电解质的燃料电池和蓄电池是一种新的化学电源。

2.1.2.4 熔锍

熔锍是冶金过程中生产出的各种金属硫化物（如 FeS、Cu_2S、PbS 等）和少量金属氧化物的互熔体，其中富集了所要提炼的金属和贵金属，是硫化物精矿火法冶金的重要中间产物。例如冰铜中主要是 Cu_2S 和 FeS，总量占80%～90%。以产出熔锍为目的的熔炼过程称为造锍熔炼。在造锍熔炼过程中，把要提取的金属以硫化物的形态富集于锍中，贵金属及其他有价成分也随之富集于其中，脉石则熔合成渣而与锍分离。

2.1.3 教学实施建议

本任务介绍冶金熔体的基础知识，内容浅显易懂，教学可在教师指导下以学生进行自学，可用小组汇报的方式检查学习效果。

2.1.4 思考与练习

一、填空题

1. 冶金熔体包括由元素互溶形成的________、氧化物互溶形成的________、金属及其合金的电解与精炼的________、硫化物互溶形成的________。
2. 熔渣主要是由________组成的共熔体。

二、选择题

1. （　　）是在以矿石或精矿为原料、以粗金属的熔炼过程中生成的。主要作用是汇集炉料（矿石或精矿、燃料、熔剂等）中的全部脉石成分、灰分以及大部分杂质，从而使其与熔融的主要冶炼产物分离。

   A. 冶炼渣（熔炼渣）　　B. 精炼渣（氧化渣）　　C. 富集渣、合成渣
2. （　　）是粗金属精炼过程的产物。主要作用是捕集粗金属中杂质元素的氧化产物，使之与主金属分离。

A. 冶炼渣（熔炼渣）　　B. 精炼渣（氧化渣）　　C. 富集渣、合成渣

三、判断题

1. 在评价熔渣在冶金生产（炼钢）中的作用时，有“炼钢就是炼渣”或“炼钢在于炼渣，好渣之下出好钢”的说法。　（　）
2. 熔渣是冶炼废弃物，对冶炼过程无任何意义。　（　）

四、简答题

1. 冶金熔渣的主要作用有哪些，它的基本组成是什么？
2. 举例说明冶金熔渣有哪几种类型，分别说明它们的主要区别和作用。

任务 2.2　冶金熔体的结构

知识目标：

（1）理解熔渣的结构的分子理论和离子理论；
（2）了解金属熔体的结构。

能力目标：

（1）会根据金属熔体的结构说明液体金属的性质；
（2）会分析熔渣的结构对其性质的影响。

2.2.1　任务描述

冶金熔体的结构是指冶金熔体中各种质点（分子、原子或离子）的排列状态。熔体结构主要取决于质点间的交互作用能，不同的冶金熔体具有明显不同的结构和性质。冶金熔体的物理化学性质与其结构密切相关。在通常情况下，冶金熔体的结构和性质更接近于其固态；而在接近临界温度时，液态与气态较接近。相对于固态和气态，人们对液态结构，尤其是冶金熔体结构的认识还很不够。本任务将讨论各种冶金熔体的基本结构及其对熔体物理化学性质的影响。

2.2.2　相关知识

2.2.2.1　金属熔体的结构

金属熔体的结构对控制冶金溶液的性能、改善固体金属材料的性能具有极其重要的意义。在火法冶金过程中，通常金属熔体的温度一般只比其熔点高 100 ~ 150℃左右，在这种情况下，金属熔体的性质和结构是与固体相近的。通过大量研究了解以下事实：

（1）通常金属的熔化潜热仅为气化潜热的 3% ~8%。比如纯铁，熔化潜热为 15.2kJ/mol，气化潜热是 340.2kJ/mol，这就意味着液态金属与固态金属的原子间结合力差别很小；金属熔化时，熵值的变化也不大，约为 5 ~10J/(mol·K)，这说明熔化时金属中原子分布的无序度改变很小。

（2）金属在熔化时体积增加很小，大多数金属在熔化时体积仅增加2.5% ~5%，相当于原子间距增加0.8% ~1.6%，这说明液态金属与固态金属的原子分布大体相同，原子间结合力相近。

（3）金属在熔化时的热容量变化不大。金属液、固态的比热容差别一般在10%以下，而液、气态比热容相差为20% ~ 50%。这就意味着液态金属与固态金属中的原子运动状态相近。

（4）大多数金属熔化后电阻增加，且具有正电阻温度系数。这说明液态金属仍以金属键结合。

（5）用X射线衍射法研究金属熔体的结构，证明在熔点附近其结构与固体相近。

（6）液态金属中原子之间的平均间距比固态中原子间距略大，而配位数略小，通常在8~10范围内。由此可知，金属熔化时形成空隙使自由体积略有增加，固体中的远距有序排列在熔融状态下会消失而成为近距有序排列。

以这些事实为基础，关于金属熔体的结构可得出以下结论：

（1）在熔点附近液态金属和固态金属具有相同的结合键和近似的原子间结合力。

（2）原子的热运动特性大致相同，原子在大部分时间仍是在其平衡位（结点）附近振动，只有少数原子从一平衡位向另一平衡位以跳跃方式移动。

（3）金属熔体在过热度不高的温度下具有准晶态的结构。熔体中接近中心原子处的原子基本上呈有序的分布，与晶体中的相同；在稍远处原子的分布几乎是无序的，即近程有序，远程无序的排列，如图2-1所示。

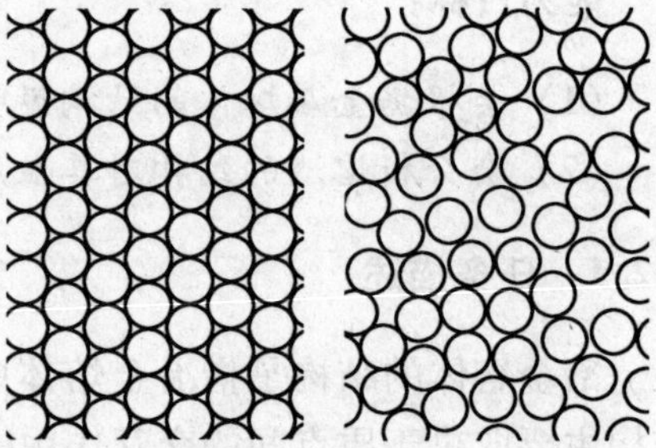

图2-1　纯金属的原子结构模型
（a）固体；（b）液体

为了揭示液态金属原子分布的具体结构，先后提出多种与实验较为相符的液态金属结构模型。

模型Ⅰ：接近熔点时，液态金属中部分原子的排列方式与固态金属相似，它们构成了许多晶态小集团。这些小集团并不稳定，随着时间延续，不断分裂消失，又不断在新的位置形成。这些小集团之间存在着广泛的原子紊乱排列区。该模型突出了液态金属原子存在局部排列的规则性。

模型Ⅱ：液态金属中的原子相当于紊乱的密集球堆，这里既没有晶态区，也没有能容纳其他原子的空洞。在紊乱密集的球堆中，有着被称为“伪晶核”的高致密区。该模型突出了液态金属原子的随机密堆性。

2.2.2.2　熔渣的结构

早期熔渣结构理论大多用凝固渣的矿相分析、相图分析、X射线衍射分析等间接方法推断来的。随着现代分析测试技术的发展，电子与中子衍射、振动光谱、核磁共振、电子自旋共振波谱、X射线光电子能谱等新技术在熔渣结构理论研究中得以广泛应用，为人们认识熔渣结构提供了有力的实验依据。此外，随着计算机技术的发展，近些年来，利用计算机进行的分子动力学模拟在研究熔渣结构、预报熔渣性质等方面也取得极大的突破。关于熔渣结构目前有三种理论：分子结构理论、离子结构理论、共存结构理论。

A 分子结构理论

分子结构理论是最早出现的关于熔渣结构的理论，它是基于对固态炉渣结构的研究结果。虽然分子结构理论因自身的不足在熔渣结构的研究中已很少应用，但在冶金生产实践中仍常用分子结构理论来讨论和分析冶金现象。

a 分子结构理论的基本观点

（1）熔渣是由电中性的分子组成的。有的是简单氧化物（或称自由氧化物），如：CaO、MgO、FeO、MnO、SiO_2、Al_2O_3 等；有的是由碱性氧化物和酸性氧化物结合形成的复杂化合物（或称结合氧化物），如：$2CaO \cdot SiO_2$，$CaO \cdot SiO_2$、$2FeO \cdot SiO_2$、$3CaO \cdot P_2O_5$ 等。

（2）分子间的作用力为范德华力。这种作用力很弱，熔渣中分子运动比较容易；在高温时分子呈无序状态分布；可假定熔渣为理想溶液，其中各组元的活度可以用其浓度表示：

$$a_{CaO} = x_{CaO}, \quad a_{SiO_2} = x_{SiO_2}, \quad a_{CaO,SiO_2} = x_{CaO,SiO_2}$$

（3）在一定条件下，熔渣中的简单氧化物分子与复杂化合物分子间处于动态平衡，如：

$$(CaO) + (SiO_2) = (CaO \cdot SiO_2), \Delta_r G_m^{\ominus} = -992470 + 2.15T (J/mol)$$

当上述反应达到平衡时，其平衡常数为：$K = \dfrac{x_{CaO \cdot SiO_2}}{x_{CaO} \cdot x_{SiO_2}}$，则在一定温度下必有平衡的 CaO，$SiO_2$ 和 $CaO \cdot SiO_2$ 存在。

（4）熔渣的性质主要取决于自由氧化物的浓度，只有自由氧化物参加与熔渣中其他组元的化学反应。

b 分子结构理论的应用

用熔渣结构的分子结构理论来分析有熔渣参与的反应的热力学规律和热力学计算，其结果符合经验公式，从而常用分子结构理论来进行热力学分析和计算。

（1）熔渣的氧化能力。

熔渣的氧化能力取决于其中未与 SiO_2 或其他酸性氧化物结合的自由 FeO 的浓度；在熔渣－金属熔体界面上氧化过程的强度及氧从炉气向金属液中转移的量都与渣中自由 FeO 的浓度有关。

（2）熔渣的脱硫及脱磷能力。

熔渣从金属液中吸收有害杂质硫及磷的能力取决于渣中存在的自由 CaO；脱硫和脱磷过程的强度及限度也与自由 CaO 的浓度有关。根据分子结构理论，脱硫反应写作：

$$(CaO) + [FeS] = (CaS) + (FeO), \quad \Delta_r H_m^{\ominus} > 0$$

则反应的平衡常数及金属液中 FeS 的活度为：

$$K^{\ominus} = \frac{x_{CaS} \cdot x_{FeO}}{x_{CaO} \cdot a_{FeS}}$$

则

$$a_{FeS} = \frac{1}{K^{\ominus}} \cdot \frac{x_{CaS} \cdot x_{FeO}}{x_{CaO}} \qquad (2-1)$$

由式（2－1）可知，在一定温度下，K 为常数，当 x_{CaO} 增大或 x_{FeO} 减小时，均可使 a_{FeS} 下降，即有利于硫的脱除。而脱硫反应为吸热反应，则升高温度有利于脱硫反应。

生产实践中发现，下列措施有利于硫的脱除：增加渣中 CaO 含量（即增大 x_{CaO}、增加炉渣的碱度)；降低渣中 FeO 含量（即减小 x_{FeO}、降低渣的氧化性)；提高过程温度。可见由分子结构理论所得结论与生产实践是一致的。

c 分子结构理论存在的问题

(1) 不能运用分子结构理论进行定量计算。

对于脱硫反应,将一定温度下平衡时各组元的活度值代入上面的平衡常数 K 表达式中,结果发现 K 不为常数。进一步假定熔渣中存在 $2CaO \cdot A_2O_3$、$CaO \cdot Fe_2O_3$ 等复杂分子,对 K 的计算加以修正,但修正后计算的 K 值仍然在 0.084 ~0.184 的范围内变化,而不是常数。

(2) 分子结构理论不能解释 FeO 在脱硫中的作用。

根据分子结构理论，降低渣的 FeO 含量有利于脱硫。而实验发现，无论是纯 FeO 渣还是含 FeO 的渣均具有一定的脱硫作用。实验结果与分子结构理论的结论（只有 CaO 才有脱硫作用）不一致。

(3) 分子结构理论与熔渣性能间缺乏有机的联系，无法解释熔渣的导电性。

熔渣既可以导电又可以电解，说明熔渣中的结构单元应是带电的离子，而非中性分子。只有在稀溶液的情况下，熔渣才能被视为理想溶液。一般情况下必须用活度来代替浓度进行热力学计算。

B 离子结构理论

离子结构理论并不否认凝固后的渣中存在各种氧化物及其化合物，但认为构成熔渣的基本质点不是中性分子，而是带电的离子。

a 离子结构理论提出的基础

(1) 熔渣具有电导值，其电导随着温度升高而增大。

(2) 熔渣可以电解，例如：以铁作电极，用（FeO-SiO_2-CaO-MgO）和（Fe_2O_3-CaO）渣电解，阴极上析出铁。

(3) 在熔渣 - 熔锍体系中存在电毛细现象，说明熔渣具有电解质溶液的特性。

(4) 可以测出硅酸盐熔渣中 K、Na、Li、Ca、Fe 等阳离子的迁移数，说明熔渣中的最小扩散单元为离子。

(5) X 射线结构分析表明，组成炉渣的简单氧化物及复杂化合物的基本组成单元均为带电质点——离子。

(6) 统计热力学为离子结构理论的建立提供了理论基础。

b 离子结构理论的基本观点

(1) 熔渣是由阳离子和阴离子所构成，阳离子与阴离子所带电荷总量相等，因此熔渣本身不带电。

熔渣中离子的基本类型包括简单阳离子，如 Ca^{2+}、V^{3+}、Mg^{2+}、Mn^{2+}、Fe^{2+} 等；简单阴离子，如 O^{2-}、S^{2-}、Cl^- 等；复合阴离子，如 SiO_4^{4-}、VO_3^-、PO_4^{3-}、AlO_3^{3-}、TiO_3^{2-}、$Ti_2O_5^{2-}$、$Si_2O_7^{6-}$、$Si_3O_9^{6-}$、$V_2O_7^{4-}$、$V_6O_{17}^{4-}$ 等。

出现离子是因为氧化物形成熔渣后，离子间距增加，作用力减弱，活动性增加，出现了电离过程，如：

$$CaO = Ca^{2+} + O^{2-}; \quad SiO_2 + 2O^{2-} = SiO_4^{4-}$$

$$FeO = Fe^{2+} + O^{2-}; \quad 5V_2O_5 + 3O^{2-} = V_{10}O_{28}^{6}$$

$$CaS = Ca^{2+} + S^{2-}; \quad Al_2O_3 + O^{2-} = 2AlO_2^-$$

（2）熔渣中每种离子周围都是异号离子。

（3）在熔渣中复合阴离子的聚合与解体同时进行，处于动态平衡。复合阴离子是由阴离子将阳离子包围起来形成的紧密结合体，是比较稳定的共价键结构，其中的键能远高于它与周围阳离子的离子键能，所以能在渣中稳定存在。复合离子是参加反应的结构单元，每个酸性或两性氧化物能在熔渣中形成一系列结构比较复杂的复合离子。如 SiO_2，因熔渣中 O/Si 原子比的不同，可形成一系列的硅氧复合阴离子 $Si_xO_y^{z-}$。

现以硅氧复合阴离子的聚合与解体为例进行分析。

硅氧复合阴离子结构见图 2－2 及表 2－2。

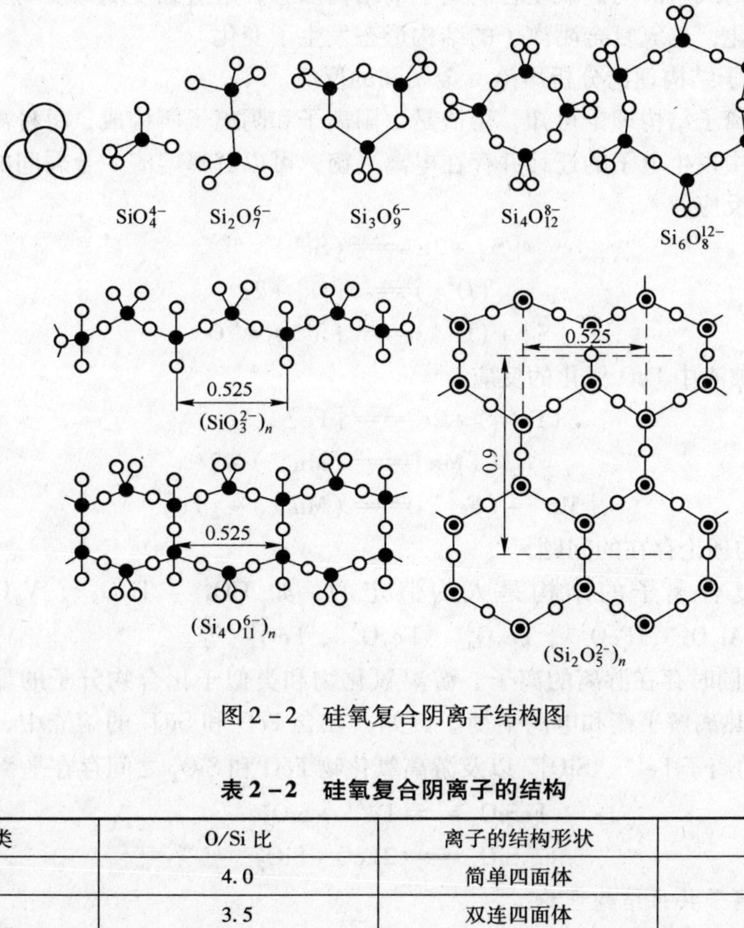

图 2－2　硅氧复合阴离子结构图

表 2－2　硅氧复合阴离子的结构

离子种类	O/Si 比	离子的结构形状	化 学 式
SiO_4^{4-}	4.0	简单四面体	M_2SiO_4
$Si_2O_7^{6-}$	3.5	双连四面体	$M_2Si_2O_7$
$(SiO_3^{2-})_n$	3.0	环　状	$MSiO_3$
(SiO_3^{2-})	3.0	线　状	$MSiO_3$
$(Si_4O_{11}^{6-})_n$	2.75	链　状	$M_3Si_4O_{11}$
$(Si_2O_5^{2-})_n$	2.5	层　状	MSi_2O_5

1）硅氧复合阴离子的聚合。

随着渣中 O/Si 原子比的降低，即加入的酸性氧化物（SiO_2）使 SiO_2/RO 比（RO 代表碱性氧化物）增加，需消耗 O^{2-} 转变成复合离子，因而许多个离子 SiO_4^{4-} 聚合起来共用

O^{2-}，形成复杂的复合离子，以满足 O^{2-} 的这种关系。

2）硅氧复合阴离子的解体。

随着渣中的 O/Si 原子比增加，即加入的碱性氧化物（RO）降低了渣中 SiO_2/RO 比，供给的 O^{2-} 则可使熔渣中由聚合而形成的结构复杂的硅氧复合阴离子分裂成结构比较简单的硅氧复合阴离子。

c　离子结构理论的应用

(1) 应用离子结构理论解释熔渣的各种现象。

例如，可以用离子结构理论解释熔渣的碱度与黏度的关系。熔渣离子结构理论认为，熔渣黏度取决于构成熔渣的硅氧复合阴离子的结构形态，熔渣黏度随碱度而变，是由于随着熔渣碱度的变化，硅氧复合阴离子的结构形态发生了变化。

(2) 应用离子结构理论分析熔渣－金属间的反应。

根据熔渣的离子结构理论可知，熔渣是由阳离子和阴离子所构成，每种离子周围都是异号离子，反应中发生电子的迁移并存在电离平衡，可以解释熔渣－金属间的反应。

熔渣的脱硫反应：

阴极反应：　$[S]+2e = (S^{2-})$

阳极反应：　$(O^{2-}) = [O]+2e$

总反应：　$[S]+(O^{2-}) = (S^{2-})+[O]$

金属中 Mn 被渣中 FeO 氧化的反应：

阴极反应：　$(Fe^{2+})+2e = [Fe]$

阳极反应：　$[Mn] = (Mn^{2+})+2e$

总反应：　$[Mn]+(Fe^{2+}) = (Mn^{2+})+[Fe]$

d　离子结构理论存在的问题

(1) 不少复合离子的结构是人为假定的，如 TiO_3^{2-}、$Ti_2O_5^{2-}$、$V_2O_7^{4-}$、$V_6O_{17}^{4-}$、AlO^{2-}、AlO_3^{3-}、$Al_2O_4^{2-}$、FeO^{2-}、$Fe_2O_4^{2-}$、$Fe_2O_5^{2-}$、FeO_3^{3-} 等。

(2) 熔渣中同时存在游离的离子、游离氧化物和类似于化合物分子的配合物，它们之间同时存在着热离解平衡和电离平衡。例如，在含 FeO 和 SiO_2 的熔渣中，配合物分子 Fe_2SiO_4 与游离的离子 Fe^{2+}、SiO_4^{4-} 以及游离氧化物 FeO 和 SiO_2 之间存在平衡：

$$FeSiO_4 = Fe^{2+} + SiO_4^{4-}$$

$$Fe_2SiO_4 = 2FeO + SiO_2$$

C　分子与离子共存结构理论

大量研究事实表明，SiO_2 或 Al_2O_3 的熔体几乎不导电，SiO_2-Al_2O_3 熔体的电导非常低，不能将全部炉渣当做电解质；CaO-SiO_2、MgO-SiO_2、MnO-SiO_2、FeO-SiO_2 等渣系熔融状态时在含 SiO_2 较多的一侧会出现两层液体，其中一层成分与 SiO_2 相近，证明 SiO_2 分子存在于熔渣中；不同渣系固液相同成分熔点的存在，说明熔渣中有分子存在。基于这些事实，我国学者张鉴以前苏联学者丘依考提出的“考虑了未分解化合物的炉渣离子理论”为基础，并从分子与离子同时存在于熔渣的现实出发，提出炉渣结构的分子与离子共存理论，其基本观点包括：

(1) 熔渣由简单离子（Na^+、Ca^{2+}、Mg^{2+}、Mn^{2+}、Fe^{2+}、O^{2-}、S^{2-}、Cl^- 等）和

SiO_2、硅酸盐、磷酸盐、铝酸盐等分子组成。

（2）简单离子与分子间进行着动平衡反应，如：$2Ca^{2+}+2O^{2-}+SiO_2=Ca_2SiO_4$。

（3）不论在固态或液态下，自由的 Me^{2+}（金属离子）和 O^{2-} 均能保持独立而不结合成 MeO 分子。

（4）熔渣内部的化学反应服从质量作用定律——化学反应速率与反应物的有效质量成正比，有效质量指实际浓度，即活度。共存理论为活度的求解提供了思路。

2.2.2.3　熔盐的结构

熔盐由阳离子和阴离子组成。其离子间的相互作用力包括静电作用力（服从库仑定律的长程作用力）、近程排斥力和范德华力。作为初级近似，可用静电硬球模型描述熔盐结构，即认为阴、阳离子都是带电而具有一定半径的硬球，而将范德华力忽略不计或作为校正项。由于静电作用，熔盐中每个离子均为异号离子所包围。X 射线衍射实验结果表明：与晶体结构相比，熔盐中阴、阳离子最近距离非但没有增大，反而略有减小，但每个离子的第一近邻数（配位数）却比晶体中显著减少。这说明熔盐中存在不规则分布的缝隙或空位。两种熔盐互相混溶后形成的熔盐溶液，其结构亦大体相似。根据离子间相互作用的势能方程式，可用计算机模拟熔盐中离子的运动和排布，进而计算熔盐或熔盐溶液的许多物理化学性质。

2.2.3　教学实施建议

本部分内容理论性较强，以教师的讲解为主，重点在利用熔体的结构解释冶金过程的一些现象。

2.2.4　思考与练习

一、判断题

1. 熔渣的分子结构理论指出：熔渣的性质主要取决于自由氧化物的浓度，熔渣中只有游离的简单化合物才能参与反应，而复杂化合物只有离解或被置换成简单化合物后，才能参与反应。（　）
2. 离子理论认为简单的硅氧复合阴离子（SiO_4^{4-}）可以聚合成复杂的硅氧复合阴离子（如 $Si_4O_{12}^{8-}$）和复杂的硅氧复合阴离子可以解体成简单的硅氧复合阴离子。（　）

二、简答题

1. 简述熔渣分子结构理论、熔渣离子结构理论的要点。
2. 简述熔渣分子离子共存结构理论的要点。
3. 试用离子结构理论解释温度和 CaO 含量如何影响熔渣的黏度。

任务 2.3　冶金熔体的性质

知识目标：

（1）掌握熔渣性质的主要影响因素；

(2) 理解熔渣的物理化学性质的定义、计算、查询方法；

(3) 了解金属熔体的物理化学性质的定义、计算、查询方法。

能力目标：

(1) 会根据需要配制火法冶金熔渣；

(2) 会根据熔渣的性质控制冶金生产过程。

2.3.1 任务描述

冶金熔体的物理化学性质和其基本结构有关，包括密度、黏度、扩散系数、熔点、表面张力、蒸气压、电阻率、碱度、氧化性等。冶金熔体物理化学性质直接影响到金属和熔渣的分离、化学反应等过程，研究它们的物理化学性质对冶金过程十分重要。如炼钢过程中的脱碳、脱磷、脱硫和脱氧反应与钢液中参与该反应的元素的浓度和活度密切相关。由于高温熔体本身的复杂性和高温下的实验研究比较困难，很多研究数据差别较大，还有许多问题尚待进一步研究。本任务根据某些实验研究结果，主要以铁合金和炼钢炉渣为例来分析讨论金属熔体的结构、金属熔体的物理性质、各种元素在金属熔体中的溶解度和相互作用、熔渣的结构、熔渣的物理性质、熔渣的化学性质等问题。

2.3.2 相关知识

2.3.2.1 冶金熔体的物理性质

A 熔化温度

熔化温度（或称熔点）是指冶金熔体由固相完全转变为均匀液相或液相冷却时开始析出固相的温度，与凝固温度或凝固点具有相同的数值。冶金熔体的熔化温度影响热能消耗，是确定冶炼温度的重要依据，同时也是确定熔体其他物理化学性质的因素之一。

a 金属熔体的熔化温度

金属的熔点与其质点间作用力大小有关，各种金属熔点的高低在一定程度上反映了金属中基本质点之间作用力的大小，质点间的作用力越大则其熔点就越高。金属元素都有较高的熔点，一般都在1400℃以上，如 V 的熔点在 1890℃左右，Ti 的熔点在 1660℃左右，但是其中 Mn 是例外，只有 1244℃。但纯金属中溶有其他元素会使金属的熔点发生改变，现以铁合金为例讨论其熔点。

化学纯铁的熔点为 1538℃，而工业纯铁的熔点为 1530℃。因铁液中溶有其他元素后，使铁原子之间的作用力减弱，铁的熔点就下降。各元素使纯铁熔点降低的程度取决于加入元素的浓度、相对原子质量和凝固时该元素在熔体与析出的固体之间的分配。通常说来金属元素（Mn、Cr、Ni、Co、Mo 等）对熔点的影响很小，非金属元素（C、B、S、P、H）对熔点的影响较大，见表 2-3。

在炼钢生产中必须知道各种钢的熔点，并以此为根据再结合生产实际条件来确定合适的浇注温度和出钢温度，可按下式确定钢的熔点的近似值：

$$t = 1538 - \sum \Delta t_B \cdot w_{[B]} \qquad (2-2)$$

式中　t——钢或铁合金的熔点，℃；

1538——纯铁的熔点，℃；

Δt_B——纯铁中某元素 B 含量每增加 1% 时熔点的改变量，℃，可通过查表 2－3 获得；

$w_{[B]}$——元素 B 在钢液中的质量分数，%。

表 2－3　某些元素对铁的熔点降低值

元素 B	Al	B	C	Co	Cr	Cu	H	Mn	Ni	Ti	V	W	N	O	P	Si	S	Mo
1% 的 B 使铁的熔点降低值 Δt/℃	5.1	100	90	1.8	1.7	2.6	1300	1.7	2.9	17	1.3	<1	90	65	28	6.2	40	1.5

【例 2－1】　计算滚珠轴承钢 GCr15SiMn 的熔点，其化学成分如下：

化学成分	C	Si	Mn	Cr	P	S
质量分数/%	1.0	0.5	1.0	1.5	0.02	0.01

解：1% 的元素 B 使钢的熔点降低的温度值可从表 2－3 中查得，钢中气体（O、N、H）因含量较低，可以不单独计算，一般认为它们能使铁的熔点降低约 2℃，而它们与其他元素在一起又能综合降低熔点约 5℃，这样考虑钢中气体能使铁的熔点降低约 7℃，则：

$$
\begin{aligned}
t &= 1538 - \sum \Delta t_B \cdot w_{[B]} \\
&= 1538 - (90 \times 1.0 + 6.2 \times 0.5 + 1.7 \times 1.0 + 1.7 \times 1.5 + 28 \times 0.02 + 40 \times 0.01 + 7) \\
&= 1433℃
\end{aligned}
$$

由表 2－3 可知，碳是降低铁熔点的较显著的元素，1% 的 C 使钢的熔点比纯铁熔点低约 90℃。因此，在冶炼碳素钢过程中，到冶炼终点时，钢中其他元素含量很低，其熔点主要取决于碳含量，这样也就可以根据熔点快速地确定其碳含量。现在国内外在炼钢生产中广泛应用的“结晶定碳仪”就是利用迅速测定终点钢水的凝固点而确定其碳含量的。

b　熔渣的熔化温度

熔渣不是纯物质，是多元组成物，成分复杂，当它由固相转变成液相时，是逐渐进行的，不存在明显的熔点，其熔化过程有一个温度范围。通常熔渣的熔点是指炉渣完全转变成均匀液体状态时的温度。在冷却曲线上无平台，在相图上是从固相线到液相线的温度区间。它可由熔渣相图的液相线或液相面的温度来确定，熔化温度低说明易熔，否则难熔。

熔渣的熔点取决于晶体中与离子间库仑引力有关的晶格能，其值越大，熔点就越高。

熔渣的熔点主要与熔渣的组成有关，从熔渣的相图可以看出各种渣系的熔化温度区。处在等温线上的各种炉渣组成，其熔化温度相同。根据该线可以确定某一熔化温度时的炉渣成分，或根据炉渣成分估算出该组成下的熔化温度。图 2－3 是 CaO-FeO-SiO_2 系相图（浓度三角形），三角形内部的曲线是等温线，代表的是该组成范围内的熔渣的熔点温度。

此外，熔渣中不同的氧化物和复合氧化物的熔点是不同的。表 2－4 所示为熔渣中各种氧化物的熔点。

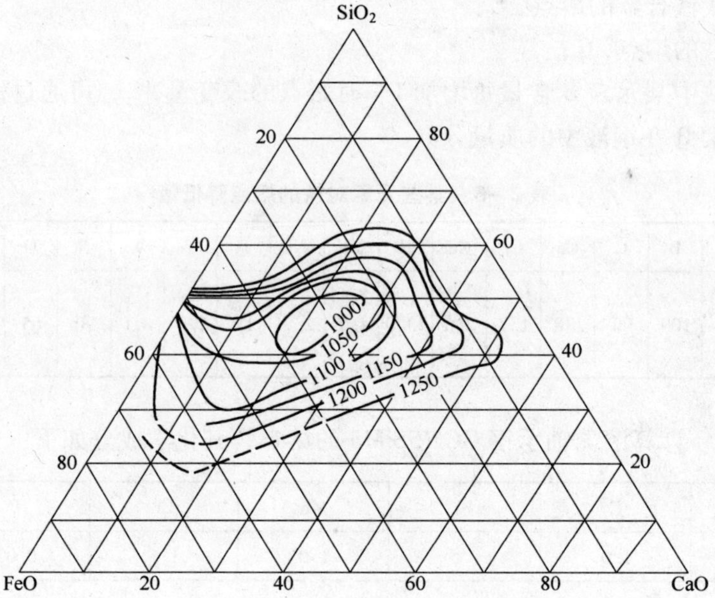

图2-3 CaO-FeO-SiO$_2$系相图

表2-4 熔渣中各种氧化物的熔点

氧化物	熔点/℃	氧化物	熔点/℃
CaO	2570	MgO·SiO$_2$	1557
MgO	2800	2MgO·SiO$_2$	1890
SiO$_2$	1713	CaO·MgO·SiO$_2$	1390
FeO	1370	3CaO·MgO·2SiO$_2$	1550
Fe$_2$O$_3$	1457	2CaO·MgO·2SiO$_2$	1450
MnO	1783	2FeO·SiO$_2$	1205
Al$_2$O$_3$	2050	MnO·SiO$_2$	1285
CaF$_2$	1418	2MnO·SiO$_2$	1345
CaO·SiO$_2$	1550	CaO·MnO·SiO$_2$	>1700
2CaO·SiO$_2$	2130	3CaO·P$_2$O$_5$	1800
3CaO·SiO$_2$	>2065	CaO·Fe$_2$O$_3$	1220
3CaO·2SiO$_2$	1485	2CaO·Fe$_2$O$_3$	1420
CaO·FeO·SiO$_2$	1205	CaO·2Fe$_2$O$_3$	1240
Fe$_2$O$_3$·SiO$_2$	1217	CaO·2FeO·SiO$_2$	1205
MgO·Al$_2$O$_3$	2135	CaO·CaF$_2$	1400

由表2-4的数据可见，熔渣中最常见的氧化物大部分都有很高的熔点，但它们相互作用生成的各种复杂化合物的熔点低于原氧化物的熔点，从而降低了熔渣的熔点。因此，火法冶金中降低炉渣熔点的主要措施是加入一定的助熔剂，如矿石（Fe_2O_3）、萤石（CaF_2）、Na_2O、Na_2CO_3等，以便形成低熔点的多元系化合物。

B　黏度

黏度是熔体的重要性质，关系到冶炼过程能否进行，也关系到金属或熔锍能否充分地通过渣层沉降分离。

a　黏度的定义

在流动的液体中有相邻的两层流体，当流体在管道中流动时，管道与流体之间及两层流体之间将产生一种内摩擦力，力图阻止两流体层的相对运动，使靠近管道的流体流速最小，而中心的流速最大。设相距 dx 的两相邻流体层，以速度 v 和 $v + dv$ 同向流动，接触面积为 S，两层流体间的内摩擦力 F 可由下式求出：

$$F = \eta S \frac{dv}{dx} \tag{2-3}$$

即内摩擦力与表面积大小和速度差成正比，与距离成反比，式（2－3）为牛顿黏性定律。其中 F 指内摩擦力，N；S 指相邻两液层的接触面积，m^2；$\frac{dv}{dx}$指垂直于流体流动方向上的速度梯度，s^{-1}；η 为比例系数，与液体的黏度有关，故称为黏度系数或动力黏度，简称黏度，单位为 Pa·s[kg/(m·s)]，泊（P），厘泊（cP）。

1Pa·s = 10P，1P = 100cP

因此黏度实际上是指在单位速度梯度下，作用于平行的液层间单位面积上的摩擦力。

黏度是衡量流体流动性的参数，与流动性在数值上互为倒数，黏度小则流动性好，黏度大则流动性差。表 2－5 是某些液体的黏度数据。冶炼时，若熔渣的黏度过大，则物质在金属熔体及熔渣之间的传递缓慢，不利于冶炼反应的迅速进行；但若黏度过小，容易喷溅，而且严重侵蚀炉衬耐火材料，降低炉子寿命。所以在冶炼过程中，希望获得适当黏度的炉渣。通常当渣黏度低于 0.5Pa·s 时，其流动性好，满足冶炼要求；黏度在 1.5～2.0Pa·s 的渣，虽然比较黏稠，但尚能满足冶炼要求；当渣的黏度达 3.0～5.0Pa·s 或更高时，熔渣不易由炉内放出，会造成冶炼过程难以进行。

表 2－5　各类液体的黏度

液　体	水	甘油	玻璃	铁液	铜液	熔融 $MgCl_2$	熔锍	熔渣 $FeO-SiO_2$	熔渣 $CaO-SiO_2$
温度/℃	25	25	1200	1550	1200	808	1000	1400	1552
黏度/Pa·s	0.00089	0.5	1～10	0.005	0.0032	0.041	<0.01	0.04～0.3	0.02～1.0

b　黏度的影响因素

影响熔渣黏度的主要因素是熔渣成分和温度。此外，黏度还与渣中不溶物有关，如石灰、镁砂、氧化铝、氧化铬等微小颗粒使渣的内摩擦力增大，增加了黏度。

（1）黏度与温度的关系。

通常情况下熔渣的黏度都是随着温度的升高而降低的，熔池温度越高，渣的黏度越小，流动性越好。

温度对碱性渣和酸性渣的黏度的影响有显著的区别，如图 2－4 所示。图中曲线 A 表示碱性熔渣，曲线 B 表示酸性熔渣。

对于碱性渣，在转折点温度 a（熔化性温度）时黏度迅速下降，超过转折点温度 a

后，曲线变得比较平缓，温度对黏度影响不明显。在高温区域时，温度降低黏度只稍有增大，但降至一定温度黏度突然急剧增大，凝固过程的温度范围较窄。碱性渣的结晶性能强，在接近液相线温度时仍有大量晶体析出，熔渣变成非均相使得黏度迅速增大。此种类型的熔渣常被称为短渣或不稳定性渣。

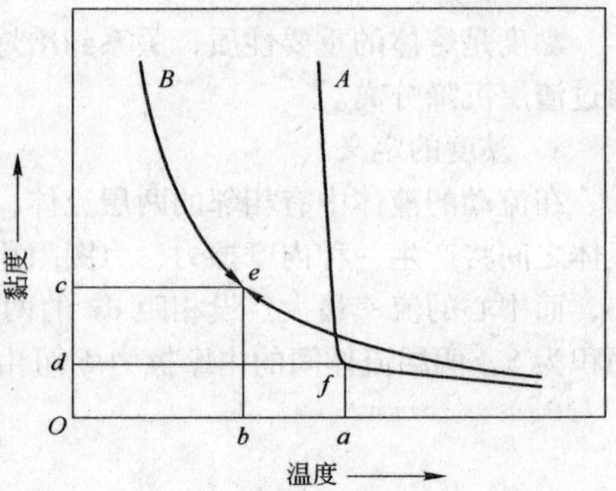

图 2-4　熔渣黏度-温度图

对于酸性渣，由于温度升高使硅氧复合阴离子逐步解体，离子半径逐步减小，导致黏度逐步降低。其黏度-温度曲线 B 上没有明显的转折点，黏度随着温度升高平缓地降低，熔化过程的温度范围较宽，因而酸性渣也没有明显的熔化温度。此种类型的熔渣常被称为长渣或稳定性渣。

对冶金生产来说，熔渣黏度的稳定性极为重要。所谓熔渣黏度的稳定性是指一定温度下熔渣成分在一定范围内变化时，黏度不急剧变化；或者说当渣组成一定时温度变化而黏度变化很小。为了顺利地进行冶炼，不希望熔渣黏度急剧波动。三元或多元等黏度图中，等黏度线靠得很近的区域表明熔渣黏度的稳定性小，所以此成分范围的渣不宜选用。

（2）黏度与成分的关系。

熔渣的黏度会随成分的改变而改变。所有成分中 SiO_2 对熔体的黏度影响最大。熔体中 SiO_2 含量愈高，硅氧复合阴离子的结构复杂，离子半径愈大，熔体的黏度也愈大。Al_2O_3、ZnO 等也有类似的影响。当碱性氧化物的含量增加时，硅氧复合阴离子的离子半径变小，黏度将有所下降，但并不是说熔渣中碱性氧化物含量愈高，黏度愈低，相反，碱度太高的炉渣是黏而难熔的。

通常能降低熔渣熔点的成分均可以改善熔渣的流动性，降低渣的黏度。生产中黏度的调节主要是依靠加入萤石等来实现的。原因是 CaF_2 能与 CaO 生成低共晶化合物（熔点 1386℃），促使 CaO 熔于渣中，同时 CaF_2 中的 F^- 可代替 O^{2-} 促使硅氧复合阴离子解体，分离成较简单的复合阴离子，从而使熔渣黏度降低。所以 CaF_2 不论对酸性渣或碱性渣都具有大幅度降低黏度的作用。

在冶金生产中，常因炉料成分变化大，造成熔渣黏度过于高而难于流动，严重时还会生成炉瘤，致使炉况异常。实际操作中，常用加入萤石（CaF_2）、FeO，控制渣中的碱度，并同时升高炉温的方法降低熔渣的黏度，改善其流动性，从而能够冲刷洗去炉铳。

在一定温度下的等黏度曲线图中，可查出不同组分的熔渣在该温度下的黏度值。图 2-5 为 1400℃时 CaO-FeO-SiO_2 系熔渣的等黏度曲线。该熔渣体系的黏度比较小，并且随着 FeO 含量的增加而降低。提高温度，加入助熔剂，如 Al_2O_3（5% ~7%）、CaF_2（2% ~5%）、SiO_2、Fe_2O_3 等均能使碱性渣的黏度降低。适当增加渣中氧化铁的含量，可以有效地促进渣中石灰块的迅速溶解，使渣转变为均匀的液相。因此，氧化熔炼时，熔渣中应保持足够的氧化铁含量。

在应用等黏度曲线图时，首先应将炉渣中的三种主要氧化物换算成总和 100%，然后再查图可得各种炉渣在给定温度下的黏度值。

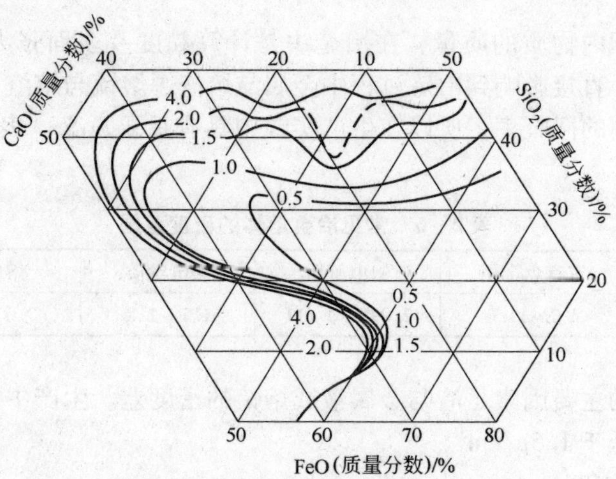

图 2－5　CaO-FeO-SiO_2 系熔渣的等黏度曲线

【例 2－2】 用等黏度曲线图查某熔炼炉渣的黏度，该炉渣中主要成分的质量分数为 SiO_2 37.3%、CaO 4.7%、FeO 46.0%。

解：先将三成分总和换算成百分之百，即：

$$w_{(SiO_2)}=\frac{37.3}{37.3+4.7+46.0}\times100\%=42.4\%$$

$$w_{(CaO)}=\frac{4.7}{37.3+4.7+46.0}\times100\%=5.3\%$$

$$w_{(FeO)}=\frac{46.0}{37.3+4.7+46.0}\times100\%=52.3\%$$

从图 2－5 中查得这种炉渣在 1623K 下的黏度约为 1.5Pa·s。但因这种炉渣并不是纯粹的三元系，因此查出的数据只能作参考。

由图 2－5 可见，该炉渣系黏度最低的组成为：CaO 10%～30%、SiO_2 15%～30%，FeO 40%～60%。

c　金属熔体的黏度

通常纯液态金属的黏度大约为 $(0.5\sim8)\times10^{-3}$ Pa·s，接近于熔盐或水的黏度值，远小于熔渣的黏度值。

金属熔体的黏度与其中的合金元素有关。例如，1600℃时液态铁的黏度：当铁中其他元素的总量不超过 0.02%～0.03% 时为 $(4.7\sim5.0)\times10^{-3}$ Pa·s；当其他元素总量为 0.100%～0.122% 时升高至 $(5.5\sim6.5)\times10^{-3}$ Pa·s。

铁液中其他元素对铁液黏度的影响如下：

(1) Si、Mn、Cr、As、Al、Ni、Co 和 Ge 等元素使铁液的黏度下降；

(2) V、Ta、Nb、Ti、W 和 Mo 等使铁液的黏度增加；

(3) Cu、H 和 N 等元素对铁液黏度的影响很小；

(4) C 含量在 0.5%～1.0% 范围内可使铁液黏度降低 20%～30%；C 含量在 0.5% 以下时对铁液黏度的影响比较复杂。

C 密度

密度指单位体积内物质的质量，在冶金中是计算黏度及表面张力等所必需的物性数值。熔体密度的大小直接影响到冶炼过程中金属与熔渣、熔锍与熔渣、金属与熔盐之间分离的难易，影响金属的回收率，所以在生产实践中具有重要意义。表2-6为常见冶金熔体的密度范围。

表2-6 常见冶金熔体的密度范围

冶金熔体	重有色金属	铝电解质	镁电解质	熔 渣	熔 锍
密度范围/$g \cdot cm^{-3}$	7.0~11.0	2.095~2.111	1.7~1.8	3.0~4.0	4.0~5.0

决定沉降效果的主要因素是渣与金属液或熔锍的密度差。生产中，金属或熔锍与熔渣的密度差通常不应低于1.5g/cm^3。

a 金属熔体的密度

测定熔融金属的密度，通常用阿基米德法、气泡最大压力法和悬浮熔化法等。但由于高温实验的困难性，各测定值仍有较大的差别。熔铁的密度大约为7.0g/cm^3，镁约为1.55g/cm^3，熔融的钛约为4.11g/cm^3，钒约为6.11g/cm^3。

金属熔体的密度与其原子半径及排列方式有关，通常原子半径大的物质密度较小。此外，金属熔体的密度还与温度有关，其密度随着温度升高而减小。

影响金属熔体密度的另一重要因素是溶解其中的元素种类。如熔铁中加入Al、Mn、P、S、Si和V等元素，能使熔融铁合金的密度减小；加入Co、Cu和Ni等元素能使其密度增大。而钛中含有氧时，因钛与氧形成间隙固溶体，晶格发生明显的畸变，其密度随之增加。

b 熔渣的密度

熔渣的密度测定的数据较少，因固态炉渣熔化后的密度变化很小，故缺乏实验数据时，可近似地采用固态炉渣的密度值。这虽然不够精确，但生产实用是可取的。固态渣的密度可近似地按单独氧化物的密度用加和法计算。

$$\rho_{渣} = \sum(\rho_{MeO} \cdot w_{(MeO)}) \qquad (2-4)$$

式中 ρ_{MeO}——渣中各金属氧化物MeO的密度，g/cm^3，其数据可见表2-7；

$w_{(MeO)}$——渣中各金属氧化物MeO的质量分数。

表2-7 各种氧化物的密度

氧化物	SiO_2	CaO	FeO	Fe_3O_4	MgO	Cu_2O	CaF_2	MnO	Al_2O_3	PbO	ZnO	NaO
密度/$g \cdot cm^{-3}$	2.20~2.55	3.40	5.0	5~5.4	3.65	6.0	2.8	5.4	3.97	9.21	5.60	2.27

熔渣的密度受温度影响，其密度随着温度升高而减小。

熔渣的密度还与所含的成分有关。当渣中含有较多密度大的氧化物，如PbO、FeO、Fe_3O_4、ZnO等时，其密度较大；反之，若含较多密度小的氧化物，如SiO_2、CaO等时，则渣的密度较小。一般氧化渣的密度大于还原渣的密度。当渣中存在弥散的气泡时，密度要低一些，占据的体积也就更大一些。

普通的液态碱性渣密度为3.0g/cm^3，固态碱性渣密度为3.5g/cm^3，钛渣密度为2.0~

$3.5g/cm^3$，而高氧化铁渣（>40% FeO）密度为$4g/cm^3$，酸性渣一般密度为$3g/cm^3$。

D 导电性

在某些冶金过程中要利用熔体的导电性能来完成冶炼任务，如电弧炉炼钢、电渣重熔、熔盐电解等。冶金熔体的导电机理包括两种：因熔体内电子流动而引起的电子导电（金属熔体和熔锍）和熔体内离子迁移而引起的离子导电（熔盐和熔渣）。

熔体用电导率来表征熔体导电能力的强弱，电导率越大导电能力越强，电导率为电阻率（ρ，单位为$\Omega \cdot m$）的倒数。熔体的电导是通过测量面积为$1cm^2$，长度为1cm的熔体的电导度得出的。导电度与面积成正比，与距离成反比，比例系数κ为比电导，也称电导，其单位为S/m。

a 金属熔体的导电性

金属熔体通常都是电的良好导体，如1000℃时液体铅的电导率约为$0.8 \times 10^6 S/m$；1200℃时液体铜的电导率高达$4.35 \times 10^6 S/m$。电导率是金属熔体的电磁输送、电磁搅拌和感应加热等设备操作和设计的重要基础数据，是研究熔融金属的电子结构和电子状态的重要物理性质。由于高温熔体电阻率的测定比较困难，故测定值较少。

金属熔体的电导率受所溶解的元素有关。如Si与C能使熔铁的电阻率增加，Al和Cu能降低熔铁的电阻率。

b 熔渣的导电性

熔渣的电导率差别很大，主要取决于其中氧化物的结构。有色冶金熔渣在1573K的κ约为0.1～0.2S/m，而一般冶金熔渣的κ值一般在0.1～16S/m范围内变化。

共价键成分很大的氧化物如SiO_2、B_2O_3和GeO_2等在熔渣中形成复合阴离子；这种大尺寸的复合阴离子在电场作用下难以实现电迁移，故电导率很小。在熔点温度时，其电导率$\kappa < 10^{-3} S/m$。如Al_2O_3-SiO_2系熔渣的共价键成分较大，其电导率很小。因此，酸性氧化物浓度的增加将导致熔渣的电导率下降。

熔渣的电导率随着碱度的增加而增大。因为碱性氧化物是离子键占优势，熔融时易离解成为简单阴阳离子，有利于实现电迁移，在熔点温度时电导率$\kappa \approx 100S/m$。

CaF_2可使熔渣的电导率值显著增大。这是因为CaF_2加入熔渣后，既可使复杂阴离子解体，又能提高导电性强的简单离子（Ca^{2+}、F^-）的浓度。

CaO-MnO-SiO_2熔渣的电导率随着SiO_2含量升高而减小，随着MnO含量升高显著增大，而CaO含量对电导率的影响不明显。

一些变价金属的氧化物，如FeO、CoO、NiO、Cu_2O、MnO、V_2O_3和TiO_2等，由于金属阳离子价数发生改变，会形成大量的自由电子或电子空穴，使氧化物表现出很强的电子导电性，其电导率高达$(15 \sim 20) \times 10^3 S/m$。

c 熔盐的导电性

熔盐是离子熔体，通常都具有良好的导电性能，如工业铝电解质的电导率约为200S/m。不同熔盐的导电性能有很大的差别。

随着熔盐结构中离子键部分的减小、阳离子价数的增加和离子晶格向分子晶格的过渡，熔盐的电导率都会降低。

熔盐混合物的电导率与其组成的关系通常都比较复杂，而且与熔盐结晶时体系中是否形成化合物或新的配合离子有关。如：在$Na_3AlF_6 - Al_2O_3$体系中，电导率随着Al_2O_3浓度的增加而线性下降；在 Na_3AlF_6-AlF_3-Al_2O_3 三元系中，Al_2O_3 和 AlF_3 浓度的增加均会导致电导率减小。

d 熔锍的导电性

熔锍的导电性能非常好，其电导率远高于熔盐和熔渣的电导率，但明显低于金属熔体的电导率。在冶炼温度下（1150～1400℃），其电导率高达（5～8）×10^4 S/m。

e 电导率与温度的关系

对于电子导电体（如金属熔体和熔锍），当温度升高，离子的运动加剧，阻碍了自由电子的定向运动。其电导率随温度的升高而下降。

对于离子导电体（如熔盐和熔渣），当温度升高，离子的动能增加，更容易克服离子间的吸引力，便于在电场的作用下移动；同时，温度上升使硅氧复合离子解体，单位体积内导电离子数目增加；此外温度升高使得黏度下降，离子运动受到的阻力减小。因此离子导电体的电导率随温度的升高而增大。

E 扩散系数

熔体中各种元素的扩散，通常认为它是与反应速度控制环节有关的重要物理性质，也是阐明熔体结构的重要性质。

扩散是指溶液中的组分在浓度梯度的作用下由高浓度区向低浓度区的流动。扩散分为自扩散和互扩散两类。在纯物质中质点的迁移（具有较高能量的原子从一个平衡位转移到另一个平衡位）称为自扩散；在溶液中各组元的质点进行相对的迁移（组分的原子在浓度梯度的作用下）称为互扩散。

通常将单位时间里通过单位面积扩散的物质数量称为扩散通量（J），它正比于浓度梯度$\frac{dC}{dx}$，此即菲克第一定律。

$$J = -D\frac{dC}{dx} \tag{2-5}$$

式中 D——扩散系数，cm^2/s。

扩散系数包括自扩散系数和互扩散系数。通常所说的扩散系数，在没有特别说明时一般指的是互扩散系数。测定金属熔体中各种元素的扩散系数，通常用毛细管浸没法、扩散偶法和电化学法等。组分在熔渣中的扩散系数一般小于在金属液中的扩散系数。

扩散系数与温度、黏度、熔体成分有关。一般来说，温度升高，扩散系数增大。

熔体中组分的扩散系数与熔体的黏度成反比，扩散系数随着熔体黏度的增高而减小。因此，能降低熔体黏度的组分，均能使扩散系数增大。如 Si、Mn、Ti、Cr，W 等均能降低铁液的黏度，故它们使氮在铁液的扩散系数增大，而 V 和 Nb 则会降低氮的扩散系数。

扩散系数与熔体成分的关系取决于扩散物质的半径及原子间的键能。通常半径小、与邻近原子的键能小的质点，其扩散系数大；而能形成共价键部分高的群聚团的组分，其扩散系数很小。如铁液中氧的扩散系数比许多其他元素低，可能是由于氧不是以氧原子（离子），而是以 FeO 群聚团的形式在铁液中扩散。

F 熔体的表面性质与界面性质

熔体的表面性质对冶金过程起着重要的作用，如液体金属或锍与熔渣的分离、熔渣对耐火材料炉衬的侵蚀作用、催化、泡沫渣、选矿中的浮选等都与表面性质密切相关。

a　冶金熔体的表面张力

与气相接触的液体表面质点，因其配位数未得到满足，原子间的作用力不平衡，比液体内部的质点具有较高的能量，其超出部分的能量就是表面自由能，为单位面积上的能量。由于表面质点能量过剩，因而液体表面将自动收缩以降低过剩能量。液体表面的这种自动收缩的趋势，相当于在液体表面水平方向上存在着使液体表面收缩的力，这一作用力是作用在单位长度上的，单位为 N/m，称为表面张力。

通常冶金熔体表面张力与其化学键性质有密切的关系。通常具有强结合力的金属键熔体的表面张力值最大，共价键熔体次之，离子键熔体再次之，而分子型熔体具有弱结合的范德华力，所以它们的表面张力都非常小，其中 H_2O 为极性分子，它的表面张力又稍大些。熔融二元硅酸盐的表面张力，介于共价键熔体和离子键熔体之间，这说明熔渣中这两种形式的键都可能存在。

(1) 温度对表面张力的影响。

在一定温度下，纯液体的表面张力是一定的。随着熔体温度升高，原子的热运动加强，位于液体内部的质点与液体表面上的质点间的相互作用力减弱，熔体的表面张力减小。当温度达到临界温度时，气 - 液相界面消失，液体的表面张力为零。对大多数液体而言，表面张力与温度呈线性关系：

$$\sigma\left(\frac{M}{\rho}\right)^{\frac{2}{3}}=K(T_c-T) \tag{2-6}$$

式中　M——液体的相对分子质量；
ρ——液体的密度；
M/ρ——摩尔体积；
T_c——临界温度；
K——常数。

此即约特沃斯方程。

(2) 成分对表面张力的影响。

在熔体中溶解有不同物质时，它的表面张力会发生变化。溶剂质点间的作用力大于溶剂和溶质质点间的作用力时，溶质质点被排挤到溶液表面上，溶液的表面张力降低。溶解组分在表面上出现的这种过剩（表面浓度大于内部浓度）称为正吸附。溶解组分质点和溶剂质点之间的作用力大于溶剂质点之间的作用力时，溶解组分在表面不出现过剩浓度（表面浓度低于内部浓度），称为负吸附。

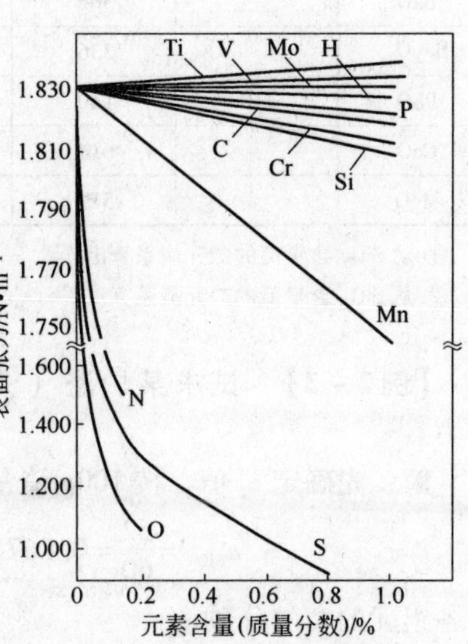

图 2 - 6　1600℃时铁液表面张力

图 2 - 6 所示为铁液中溶解元素在 1600℃时对铁液表面张力的影响。图中可见 Ti、V、Mo、H、P、Si、Cr、C 等元素对铁液表面张力的影响比较小。Mn 元素对铁液表面张力的影响较大；而 O、S、N 对铁液表面张力的影响非常大，这些元素少量的增加就可使铁液的表面张力显著降低。将这些能剧

烈地降低溶剂表面张力的物质称为表面活性物质。其中 O 的表面活性又比 S 大，降低表面张力的作用更大。这是因为 FeO 群聚团中的 Fe—O 键比 FeS 群聚团中的 Fe—S 键强，从而 FeO 群聚团与其周围 Fe 原子的作用力小于 FeS 群聚团与其周围 Fe 原子的作用力，因此，FeO 群聚团更易被排至铁液表面，发生吸附。

在冶金生产过程中，能形成复合阴离子的氧化物（如 SiO_2、P_2O_5、TiO_2、CaF_2、Fe_2O_3 等）使熔渣的表面张力显著降低。这是因为复合阴离子的离子半径大，静电场强比 O^{2-} 离子的小，使它们与阳离子间的键能减弱，从而被排斥至表面层发生吸附，降低了熔渣的表面张力。

K_2O、Na_2O、Li_2O、BaO 等氧化物能显著降低熔渣的表面张力。Na^+、K^+ 等阳离子的静电场强比其他阳离子小，与 O^{2-} 间的作用力弱，由它们构成的氧化物熔体的表面张力较小。

阳离子静电位大致相同的 MnO、MgO、CaO、FeO、Al_2O_3 等氧化物相互取代，对熔渣的表面也有影响，但不显著，熔渣的表面张力变化不大。

当由多种氧化物构成熔渣时，熔渣的表面张力可利用加和性规则进行估算：

$$\delta_{渣} = \sum \sigma_i x_i \tag{2-7}$$

式中 $\delta_{渣}$——熔渣的表面张力，N/m；

σ_i——熔渣中各组分的表面张力因子，其数据可查表 2-8 得到；

x_i——组分的摩尔分数。

表 2-8 各氧化物在不同温度下的表面张力因子

氧化物	表面张力因子 σ_i			氧化物	表面张力因子 σ_i		
	1300℃	1400℃	1500℃		1300℃	1400℃	1500℃
K_2O	168	153		FeO		584	560
Na_2O	308	299		Al_2O_3		640	630
BaO		366	366	TiO_2		380	
Ba_2O_3		336	96	ZnO	550	540	
PbO	140	140		MnO		653	641
CaO		614	586	SiO_2 ①		285	286
MgO		512	502	SiO_2 ②		181	203

① 从 SiO_2 含量高的二元渣系算出；

② 从 SiO_2 含量低的二元渣系算出。

【例 2-3】 试求某炉渣（SiO_2 52%，CaO 18%，FeO 30%）在 1500℃ 时的表面张力。

解：先确定 x_i 值，按 100g 渣量计算各组分的摩尔数：

$$n_{SiO_2} = \frac{52}{60} = 0.867;\quad n_{CaO} = \frac{18}{56} = 0.321;\quad n_{FeO} = \frac{30}{72} = 0.417$$

则各组元的摩尔分数：

$$x_{SiO_2} = \frac{0.867}{0.867 + 0.321 + 0.417} = 0.54;\quad x_{CaO} = \frac{0.321}{0.867 + 0.321 + 0.417} = 0.20$$

$$x_{FeO}=\frac{0.417}{0.867+0.321+0.417}=0.26$$

查表 2－8 得：1500℃时，$\sigma_{SiO_2}=286$；$\sigma_{CaO}=586$；$\sigma_{FeO}=560$。

将以上数据代入式（2－7）得：

$$\delta_{渣}=\sum\sigma_i x_i=286\times0.54+586\times0.20+560\times0.26=0.417\text{N/m}$$

b　冶金熔体的界面张力

前面讲到液相与气相接触时表面存在的收缩力称为表面张力，而两凝聚相（固相或液相）的接触界面上质点间出现的张力则称为界面张力。界面张力的产生原因与表面张力的产生原因类似。界面张力的值对冶炼过程中金属的收得率有较大的影响。若二者的界面张力太小，则金属易分散在熔渣中，造成金属的损失；只有当二者间的界面张力足够大时，分散在熔渣中的金属微粒才会聚集长大并沉降下来，从而与熔渣分离。熔渣和金属液的界面张力与熔渣和金属液的组成及温度有关。

（1）熔体与固体材料间的界面张力。

当冶金熔体与固相物质接触时，二者之间界面张力的大小可用润湿边界角 θ 来度量。润湿边界角是液滴的切线与固体水平面的夹角。图 2－7 表示了各种润湿情况。当 $\theta<90°$ 时，二者能润湿；而当极端情况 $\theta=0°$时，熔体与固相完全润湿，二者不易分离；当 $\theta>90°$时，二者间润湿不良；当极端情况 $\theta=180°$时，二者完全不润湿。

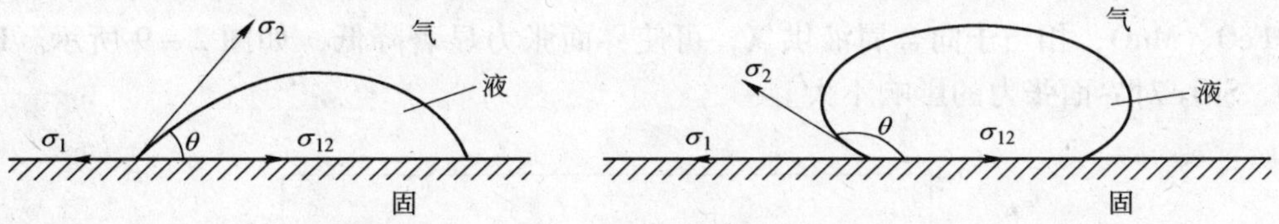

图 2－7　固－液界面张力示意图

图 2－7 中，θ 表示接触角或润湿角；σ_{12}表示固相与熔体间的界面张力；σ_1 表示固相与气相间的表面张力；σ_2 表示熔体与气相间的表面张力。

当达到平衡时，各相状态不变，固相与熔体间的界面张力可表示为：

$$\sigma_{12}=\sigma_1-\sigma_2\cos\theta \tag{2-8}$$

由式（2－8）可见，液固两相间界面张力 σ_{12} 愈大，则 $\cos\theta$ 愈小，润湿边界角 θ 愈大，即润湿程度差；相反则润湿程度好。这一规律对液液两相亦同样适用。

（2）熔体与熔体间的界面张力。

利用式（2－8）的规律，在冶金生产过程中，欲使熔渣与金属或锍得到充分分离，则希望两相间界面张力大，相互润湿作用小。熔渣与金属间的界面张力与二者的组成有关，对于金属液和熔渣中不溶解的组分，如 SiO_2、CaO、Al_2O_3 等，其含量变化时对 σ_{12}没有显著的影响；而熔渣中加入能溶于两液相中的组成物，如 FeO、FeS 等，则能使 σ_{12} 明显降低；当熔渣中组分几乎不溶于金属液时，σ_{12}是很高的，一般大于 1N/m。

现讨论最常见的两种熔体（金属液与熔渣）间的界面张力。当达到平衡时，金属液与熔渣间的界面张力可表示为：

$$\sigma_{ms}=\sqrt{\sigma_m^2+\sigma_s^2-2\sigma_m\cdot\sigma_s\cos\alpha} \tag{2-9}$$

式中　σ_{ms}——熔渣与金属液间的界面张力；

σ_m——金属液与气相间的表面张力；

σ_s——熔渣与气相间的表面张力；

α——熔渣与渣－金界面间的夹角，$\alpha=\theta-\beta$，其关系如图2－8所示。

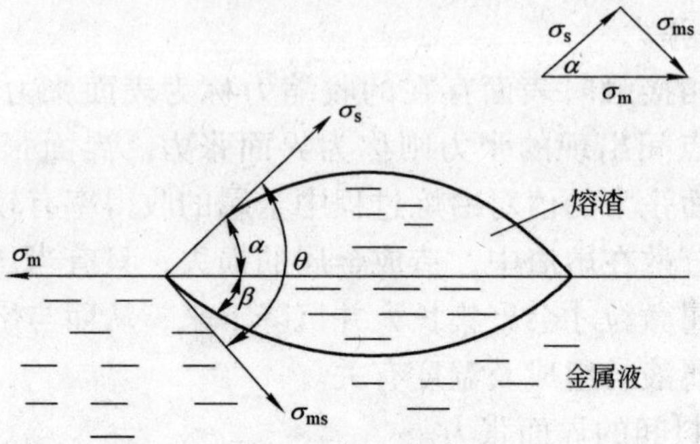

图2－8　熔渣与金属液间的界面张力

（3）生产案例——熔渣－铁液间的界面张力。

铁液中的微量氧含量都会导致界面张力的急剧下降。硫也能使金属的表面张力明显降低，但硫对界面张力的影响不如氧大。FeO、MnO是碱性氧化物，可提供氧原子，向渣中加入FeO、MnO，相当于向金属液供氧，可使界面张力显著降低，如图2－9所示。BaO、Na_2O、SiO_2对界面张力的影响不大。

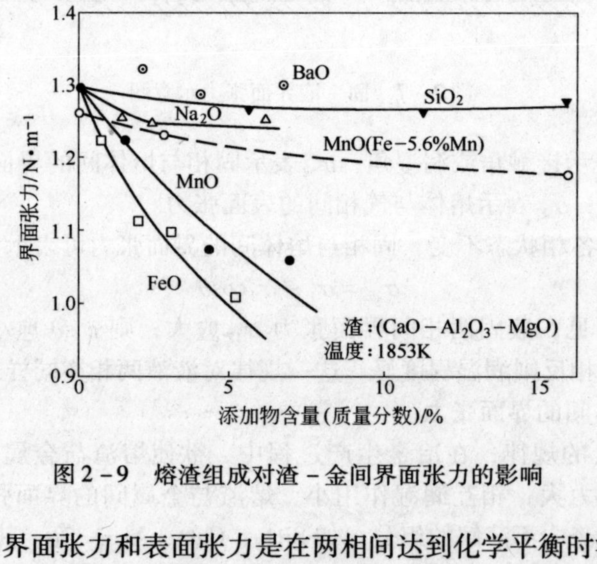

图2－9　熔渣组成对渣－金间界面张力的影响

应当指出的是，界面张力和表面张力是在两相间达到化学平衡时测得的，如果两相间产生化学变化，即未达到平衡时，那么界面张力或表面张力值就较低；如两相间存在激烈的化学反应，其中的化学反应的吉布斯自由能值越负，渣－金的界面张力越低；在反应趋于平衡的过程中，界面张力逐渐增大。不难看出，脱氧和渣洗过程应选择开始反应快而最终钢渣界面张力很大的脱氧生成物和渣系，使金属中的非金属夹杂和夹渣都易于降低。

2.3.2.2　冶金熔体的化学性质

A　熔渣的酸碱度

通常用熔渣的碱度或酸度表示熔渣酸碱性的相对强弱。熔渣的化学性质主要决定于其中占优势的氧化物所显示的化学性质。因此，常用熔渣中碱性氧化物与酸性氧化物浓度的相对含量表示熔渣的碱度或酸度。

a　酸度

酸度又称硅酸度，有色冶金中，习惯上用酸度表示熔渣的酸碱性。其值等于熔渣中结合成酸性氧化物的氧的质量与结合成碱性氧化物的氧的质量之比，一般用符号 r 表示：

$$硅酸度\ r=\frac{酸性氧化物中氧的含量之和}{碱性氧化物中氧的含量之和} \tag{2-10}$$

通常，酸度大于 1 的渣属于酸性渣；反之，属于碱性渣。

【例 2-4】　某铅鼓风炉熔炼的炉渣成分（质量分数）为：SiO_2 36%、CaO 10%、FeO 40%、ZnO 8%。试计算此炉渣的酸度。

解：此炉渣中的酸性氧化物为 SiO_2，碱性氧化物为 CaO 和 FeO，ZnO 在 SiO_2 含量高的渣中可视为碱性氧化物，则此炉渣的酸度可表示为：

$$r=\frac{酸性氧化物中氧的含量之和}{碱性氧化物中氧的含量之和}=\frac{0.36\times\frac{32}{60}}{0.10\times\frac{16}{56}+0.40\times\frac{16}{71.8}+0.08\times\frac{16}{81.4}}=1.44$$

因此该炉渣为酸性渣。

b　碱度

钢铁冶金中，习惯上用碱度表示熔渣的酸碱性。碱度是判断熔渣碱性强弱的指标。去磷、去硫以及防止金属液吸收气体等都和熔渣的碱度有关，它还决定着熔渣中许多组元的活度，因此碱度是影响渣-金反应的重要因素。

碱度等于熔渣中主要碱性氧化物含量与主要酸性氧化物含量（质量）之比，用符号 R 表示。

$$碱度\ R=\frac{碱性氧化物的含量之和}{酸性氧化物的含量之和} \tag{2-11}$$

通常，碱度大于 1 的渣属于碱性渣；反之，属于酸性渣。通常碱性炼钢操作的炉渣，其碱度约为 2~3.5。根据不同的实际情况，碱度有多种表达式。

（1）当渣中除 CaO 和 SiO_2 外的其他氧化物含量较低时，熔渣碱度常用碱性最强的 CaO 和酸性最强的 SiO_2 含量之比表示：

$$R=\frac{w_{(CaO)}}{w_{(SiO_2)}} \tag{2-12}$$

（2）若考虑渣中酸性氧化物 P_2O_5 对渣碱度的影响，可表示为：

$$R=\frac{w_{(CaO)}}{w_{(SiO_2)}+w_{(P_2O_5)}} \tag{2-13}$$

（3）而 Al_2O_3 和 MgO 含量较高熔渣的渣碱度可表示为：

$$R=\frac{w_{(CaO)}+w_{(MgO)}}{w_{(SiO_2)}+w_{(Al_2O_3)}} \tag{2-14}$$

（4）若考虑渣中 MgO、MnO、Al_2O_3、P_2O_5 对渣碱度的影响，可表示为：

$$R=\frac{w_{(CaO)}+w_{(MgO)}+w_{(MnO)}}{w_{(SiO_2)}+w_{(P_2O_5)}+w_{(Al_2O_3)}} \tag{2-15}$$

用式（2－11）~式(2－15）进行计算时可在氧化物的质量分数前引入根据化学计量关系或通过实际观测得到的系数。此外，各种碱度表达式中氧化物的量还可用其摩尔数或摩尔分数表示。

【例2－5】 某高炉渣的成分（质量分数）为：SiO_2 40%、CaO 44%。试计算此炉渣的碱度。

解：由式（2－12）可知，该高炉渣的碱度为：

$$R=\frac{w_{(CaO)}}{w_{(SiO_2)}}=\frac{44\%}{40\%}=1.1$$

B　熔渣的氧化性

熔渣的氧化性是指熔渣所具备的氧化能力的大小，它反应的是熔渣对熔池的传氧能力。它对炼钢等冶金过程中的成渣速度、去磷、去硫、喷溅、金属收得率和终点金属熔体氧含量等均有重大影响。

熔渣的氧化能力取决于其组成和温度。熔渣的氧化性用渣中能提供氧的组分的含量进行表征，通常用渣中最不稳定的氧化物的多少来代表氧化能力的强弱。

现以钢铁冶金生产为案例对渣的氧化性进行分析。根据熔渣的分子结构理论，熔渣的各种氧化物（如 CaO、MgO、MnO、FeO 等）中，FeO 的稳定性最差，即 FeO 的供氧可能性最大。且只有 FeO 能在金属液（钢液）中溶解，FeO 能同时存在于渣－钢之中，并在渣－钢之间建立一种平衡（FeO)/[FeO]，所以一般认为渣中的氧是通过 FeO 传递到钢液中的。因而熔渣中的 FeO 含量便可代表熔渣所具备的氧化能力的大小，即用渣中 FeO 的含量来表示熔渣的氧化性。

渣中氧化铁有 FeO 和 Fe_2O_3 两种形式，把 Fe_2O_3 折合为 FeO 有两种计算方法：

（1）全氧法。

按 $Fe_2O_3 \rightarrow 3FeO$ 计算，1kg Fe_2O_3 形成 $3\times72/160=1.35$kg FeO，则

$$\sum w_{(FeO)}=w_{(FeO)}+1.35w_{(Fe_2O_3)}$$

（2）全铁法。

按 $Fe_2O_3 \rightarrow 2FeO$ 计算，1kg Fe_2O_3 形成 $2\times72/160=0.9$kg FeO，则

$$\sum w_{(FeO)}=w_{(FeO)}+0.9w_{(Fe_2O_3)}$$

全铁法比较合理，因为在渣样冷却过程中，有少量低价铁被氧化成高价铁，使全氧法计算结果偏高，而全铁法可避免这种误差。

渣的氧化性对熔渣的反应能力及物理性能有重要的影响。转炉熔渣 FeO 过低，造渣困难，炉渣的反应能力低。炉渣中 FeO 过高，又会造成喷溅，增加金属损失及炉衬侵蚀。因此，渣中氧化铁的含量应适当，在转炉冶炼过程中，一般控制在 10%~20% 为好。

熔渣的还原性和氧化性是炉渣的同一种化学性质的两种不同说法。在平衡条件下熔渣的还原能力（即还原性）主要决定于氧化铁的含量和碱度，在还原性精炼时常把降低熔

渣中氧化铁的含量和选择合理的碱度作为控制钢液中氧含量的重要条件。

在碱性电弧炉还原期操作中，要求炉渣具有高碱度、低氧化性、流动性好的特点，以达到钢液脱氧、去硫和减少合金元素烧损的目的。所以应降低渣中的 FeO，提高渣的还原性。电弧炉还原期出钢时，一般要求渣中的 FeO 质量分数应小于0.5%，以满足出钢时对渣还原性的要求。

根据渣的氧化还原性将熔渣分为两类：一类是能向与之接触的金属液供给氧，使其中的杂质元素氧化的氧化渣；另一类是能从金属液中吸收氧，使金属液发生脱氧过程的还原渣。当熔渣中的氧势大于金属液中的氧势时，此熔渣为氧化性渣；反之，当熔渣中的氧势小于金属液中的氧势时，熔渣为还原性渣。

2.3.2.3　冶金熔体的热力学性质

熔体的热含量是指单位质量的炉渣由 298K 加热到恒定温度时所吸收的热量，其值可由下式进行估算：

$$Q = \int_{298.15}^{T_{熔}} C_{p(固)} \mathrm{d}T + \lambda_{熔} + \int_{T_{熔}}^{T} C_{p(液)} \mathrm{d}T \tag{2-16}$$

式中　Q——熔渣在 T K 时的热含量，kJ/kg；

$C_{p(固)}$，$C_{p(液)}$——分别是熔渣在固态和液态下的比热容，kJ/(kg·K)；

$\lambda_{熔}$——熔渣的熔化热，kJ/kg。

由于熔渣组成复杂，缺乏 C_p 和 $\lambda_{熔}$ 的数据，故应用式（2-16）计算炉渣热含量有困难。目前熔渣的热含量数据是用量热计测出，并做出组成-等热含量曲线图。

2.3.3　教学实施建议

本部分内容以理论为主，但与实际生产密切相关，教师可以运用实际生产案例对冶金熔体的性质进行解释，使学生对这种理论的知识有实际的理解。

2.3.4　思考与练习

一、填空题

1. ____________指固态物完全转变为均匀液相的温度。
2. 某高炉炼铁渣含 CaO 44%、SiO_2 40%，其碱度为____________。
3. 冶金过程中通常用熔渣中____________的含量来表示熔渣的氧化性。
4. 当液相与气相接触时，相界面上的相质点间出现的张力称为____________张力。而两凝聚相（固相或液相）的接触界面上质点间出现的张力则称为____________张力。

二、选择题

1. 熔渣结构离子理论将（　　）定义为能吸收 O^{2-} 而形成复合阴离子的氧化物。
   A. 酸性氧化物　　B. 碱性氧化物　　C. 中性氧化物
2. 熔渣结构离子理论根据氧化物对 O^{2-} 离子的行为将碱性氧化物定义为（　　）。
   A. 在强酸性渣中可供给 O^{2-} 而呈碱性，而在强碱性渣中会吸收 O^{2-} 形成复合阴离子而呈酸性的氧化物
   B. 能吸收 O^{2-} 而形成复合阴离子的氧化物

C. 能供给氧离子 O^{2-} 的氧化物

3. 能从金属液中吸收氧、使金属液发生脱氧过程的熔渣是（ ）。

A. 还原渣　　B. 氧化渣　　C. 酸性渣

4. 冶金生产中碱度 $R=2.5$ 的渣属于（ ）。

A. 酸性渣　　B. 中性渣　　C. 碱性渣

三、判断题

1. 复杂化合物 $2CaO \cdot SiO_2$ 的熔点高于 CaO 或 SiO_2 的熔点。（ ）
2. 离子结构理论认为简单的硅氧复合阴离子（SiO_4^{4-}）可以聚合成复杂的硅氧复合阴离子（如 $Si_4O_{12}^{8-}$）和复杂的硅氧复合阴离子可以解体成简单的硅氧复合阴离子。（ ）
3. 炉渣的氧化性（氧化能力）是指炉渣中所有的氧化物浓度的总和。（ ）
4. 向钢水中加入合金后，钢水的凝固点升高，加入合金越多，凝固点越高。（ ）

四、计算题

1. 试计算下列成分的滚珠轴承钢 GCr15SiMn 的熔点。其成分为：1.0% C，0.5% Si，1.0% Mn，1.5% Cr，0.02% P，0.01% S。钢中溶解的气体共同使纯铁熔点降低7℃。已知1%各元素对钢水凝固点的影响值见下表：

元　素	C	Si	Mn	Cr	P	S
凝固点降低值/℃	90	6.2	1.7	1.8	28	40

2. 某熔渣的成分（质量分数）为：SiO_2 38%、CaO 12%、FeO 45%、Al_2O_3 4%。试计算此熔渣的碱度。该熔渣是酸性渣还是碱性渣？

任务2.4　重要的冶金相图

知识目标：

（1）掌握 SiO_2-CaO、FeO-SiO_2、Al_2O_3-SiO_2、CaO-Al_2O_3 等二元相图；

（2）理解相平衡和相律的概念；

（3）了解 CaO-FeO-SiO_2、CaO-Al_2O_3-SiO_2 三元相图。

能力目标：

（1）会根据渣系相图确定冶金炉渣的组成；

（2）会根据渣系相图查出或计算熔渣熔点、密度、黏度等物理性质数据。

2.4.1　任务描述

相图对熔渣的研究具有非常重要的作用，可根据熔渣系相图查出或计算熔渣熔点、密度、黏度等物理性质数据。因此，相图对冶金过程的研究意义非比寻常，需要熟练掌握相图的相关知识。本任务主要介绍 CaO-SiO_2、Al_2O_3-SiO_2、CaO-Al_2O_3、FeO-SiO_2、CaO-Fe_2O_3 二元相图和 CaO-FeO-SiO_2、CaO-Al_2O_3-SiO_2 三元相图的分析，并通过对熔渣相图的分析找出熔渣的熔化温度与组成之间的关系以及一定温度与组成下的相结构。

2.4.2　相关知识

2.4.2.1　相平衡基础知识

A　相平衡

a　相和相数

通常将系统中物理和化学性质相同而且完全均匀的一部分称为相。相与相之间有明显的分界面。从宏观的角度来看，越过相界面有些性质发生突变。例如，水和水蒸气共存时，其组成虽同为 H_2O，但具有完全不同的物理性质，所以这是两个完全不同的相。对于物质“相”的理解，要注意以下几个方面：

(1) 一个相可以同时含有多种物质。“相”的定义所指出的“均匀”是指一种微观尺度的均匀，而不是说一个相不一定只含一种物质。例如，乙醇和水能以任意比例互溶，混合后成为各部分物理性质、化学性质都完全均匀的系统，尽管它含有两种物质，但整个系统只是一个液相。而苯和水混合时，由于二者不互溶，苯和水各自保持着本身的物理性质和化学性质，此时，这不再是一个单相系统。

(2) 一种物质可以有几个相。例如，水可有固相（冰）、气相（水蒸气）和液相（水）。

(3) 相与物质的量的多少无关，与物质是否连续也没有关系。如水中有许多冰块，所有冰块的总和为一相（固相）。

一个系统中所含相的数目为相数，以符号 ϕ 表示。当系统的相数和各相的形态不发生变化时，称系统处于确定的相态。

对于系统中的气体，因气体能够以任意比例互相均匀混合，若在非高压的情况下，则不论有多少种气体都只有一个气相。例如，空气中虽然同时存在多种气体，但它们能以任意比例互溶，因此空气只有一个相。

对于系统中的固体，除固溶体是一相外，有几种物质就有几相。不论这些固体粉末磨得多么细，混合得多么均匀，粉末颗粒保持了各自的物理化学性质，是不同的相。例如，水泥生料是将石灰石、黏土、铁粉等按一定比例混合粉磨得到的，表面看起来好像很均匀，但实际上各种原料仍保持着自己本身的物理、化学性质，相互间存在着界面，可以用机械的方法把它们分离开，因此水泥生料不是一个相，而是多相的。

对于系统中的液体，则要视其互溶程度而定，能完全互溶的，成为一相，否则便不止一个相。例如，水和乙醇能完全互溶为一相，而水和油不互溶成为两相。

值得注意的是，实际系统的相数的确定需要谨慎对待，通常是通过大量实验来确定。

根据所含相数的多少，将系统分为：

$\phi=1$	单相系统
$\phi=2$	二相系统
$\phi=3$	三相系统
⋮	⋮

只有一个相的系统称为单相系统或均相系统，含有两个相及以上的系统，统称为多相

系统或非均相系统。

b　相平衡

相平衡是应用热力学的原理和方法来研究多相系统的状态（包括相的个数，各相的组成，各相的相对含量等）随温度、压力、组分的浓度等影响因素的变化而改变的规律。相平衡的研究常常用于揭示生产和生活中涉及相变化过程的原理，如生产中物质的分离和提纯、液体蒸发和冷凝、固体溶解和结晶等过程的基本原理。

在冶金生产中，相平衡是指在一定条件下熔体中参与相变过程的各相的成分和相对质量不再变化所达到的一种状态。此时熔体的状态稳定，不随时间而改变。熔体在极其缓慢冷却的条件下的结晶过程，一般可以认为是平衡的结晶过程。

c　相图

根据多相平衡的实验结果，将温度、压力以及组成之间的关系在几何图形上表示出来，把这种几何图形称为相图。它只表示在平衡状态下（极缓慢加热或冷却的条件下）的相结构，所以又称平衡图。在冶金生产中，由于压力变化不大，所以相图是指熔体的相随温度和成分而改变的图形。通过相图可以了解各种成分的熔体在不同温度下的组织状态、在什么温度发生结晶和相变、存在几个相、每个相的成分如何。相图所反映的规律对于实际生产中确定配料范围、选择工艺制度、估计产品性能等都具有理论指导意义。

到目前为止，几乎所有的相图都是通过实验测定出来的。金属及合金发生相变时（包括液体结晶和固态相变）引起其某种性质变化所对应的温度称为临界温度，又称临界点。因此可以通过测定金属及合金的性质来求出其临界点。把这些临界点标注在以温度为纵坐标、成分为横坐标的图上，然后把各个相同意义的临界点连接成线，就构成了完整的相图。可见，相图的建立过程就是金属与合金临界点的测定过程。

B　组分

通常将系统中每一个能单独分离出来并能独立存在的化学纯物质称为物种。系统中物种的数目称为物种数，用符号 S 表示。而将系统中足以表示形成平衡系统中各相组成所需要的最小数目的物种称为独立组分，简称为组分。

为何有了物种数的概念后还要另外定义一个组分数呢？这是因为对于同一个相平衡系统，物种数常常随人们主观思考问题的方法、角度的不同而异，而组分数却与这种人为因素无关。例如，NaCl 水溶液系统中，NaCl 和 H_2O 是这个系统必不可少的物种，因此，NaCl 和 H_2O 是这个系统的组分。

构成系统各相组成所需最少的物种数称为独立组分数，通常也简称为组分数，用符号 C 表示。例如，NaCl 水溶液系统中，$C=2$。系统组分数的确定可分为三种情况：

（1）没有化学反应的系统：

$$C=S \tag{2-17}$$

例如，NaCl 的水溶液系统中物种数是2，因没有发生化学反应组分数也是2。

（2）有化学反应的系统：若系统中各物质间发生了化学反应，则每一个独立的化学反应都要建立一个化学反应平衡关系式。例如，由 $CaCO_3(s)$、$CaO(s)$、$CO_2(g)$ 三种物质组成的系统，在常温下，三种物质不发生化学反应时，系统的组分数 $C=3$。若在高温下，三种物质之间建立下列化学平衡：$CaCO_3(s) \rightleftharpoons CaO(s) + CO_2(g)\uparrow$。此时系统的物种数仍然是3，但由于三种物质之间被化学反应平衡联系在一起，只要确定其中任意两种物质的量，第三种物质的量通过化学平衡关系自然就确定了。这三种物质中只有两种物质的量是独立可变的，第三者的量不再独立，此时，系统的组分数 $C=2$。

因此，若系统中各化学物质之间发生了化学反应并建立了化学平衡，则系统的组分数等于物种数减去独立的化学平衡关系式数。独立的化学平衡关系式数用符号 R 表示。

$$C=S-R \tag{2-18}$$

（3）有化学反应且有浓度限制条件的系统：若发生化学反应的系统中，同一相内存在一定的浓度关系，独立的浓度关系数用符号 R' 表示，则独立组分数为：

$$C=S-R-R' \tag{2-19}$$

例如，N_2(s) 与 H_2(g) 在一定条件下反应生成 NH_3(g) 达平衡的系统中，因为 N_2(s) 和 H_2(g) 存在摩尔比为 1 : 1 的关系，所以独立组分数 $C=3-1-1=1$。

需要注意的是，这种关系只有物质在同一相中才存在，而不同相之间不存在。例如，在反应 $CaCO_3(s) \rightleftharpoons CaO(s)+CO_2(g)\uparrow$ 中，虽然分解产物 CaO(s) 和 CO_2(g) 的物质的量相同，但是由于它们不是同一相，则 $R'=0$。

根据系统的组分数的不同，可以把系统分为：

$C=1$	单元(组分)系统
$C=2$	二元(组分)系统
$C=3$	三元(组分)系统
⋮	⋮

只有一个组分的系统称为单元系统或单组分系统，含有两个组分及以上的系统，统称为多元系统或多组分系统。

C　自由度

相平衡的一个重要特性是它与各相中物质的量无关。也就是说，描述相平衡的性质都是强度变量。

相平衡系统中，在不引起系统中旧相消失和新相产生的条件下，可以在一定范围内独立改变的强度性质称为系统在指定相态下的自由度，这种变量的数目称为自由度数，常用符号 f 表示。自由度一般是指温度、压力、浓度等。

对于给定的相平衡系统，在保持系统中相的数目和相的状态不发生变化的条件下，并不是温度、压力、组分的浓度等所有的变量都可以任意改变。例如，由水构成的单元系统，如果要保持系统中只有一个液相，可以在一定的范围内任意改变液态水的温度，同时任意地改变其压力，而不会引起新相产生或旧相消失。因此说该系统有两个独立可变的因素，则其自由度数 $f=2$。如果要保持系统中水和水蒸气两相平衡，温度和压力两个变量之间就存在着依赖关系，这表明温度和压力这两个变量中只有一个是可以独立改变的，另一个必须随着相应变化，而不能任意改变，所以该系统的自由度数 $f=1$。如果要保持系统中冰、水和水蒸气三相共存，实验表明，温度只能保持 0.0098℃，压力必须保持 610.48Pa。这时系统中温度和压力都不能改变，否则必然引起某一相的消失而不能保持三相平衡共存，此时系统没有可以独立改变的变量，所以该系统的自由度数 $f=0$。

由此可见，系统的自由度数是指系统中可独立改变的因素，其数值在一定范围内可以任意改变而不引起相数的变化。因此，如果一定范围内能任意改变的变量不被指定，系统的状态便不能确定。

D　相律

相律是吉布斯（W. Gibbs）根据前人的实验素材，用严谨的热力学作为工具导出的多相平衡基本定律，是物理化学中最具有普遍性的规律之一。相律确定了多相系统中自由度数、组分数、相数和对系统的平衡状态能产生影响的外界因素数之间的关系。

$$f = C - \phi + 2 \qquad (2-20)$$

这就是吉布斯相律。式（2-20）是只考虑温度和压力对系统平衡状态的影响时相律的表达式。

在有些系统中，除了温度和压力，还需考虑其他因素的影响，则相律的表达式为：

$$f = C - \phi + n \qquad (2-21)$$

对于某些独立变量被指定时的自由度，称为条件自由度，即一定条件下的自由度。如对于凝聚系统，可以不考虑压力的影响，$n = 1$，此时相律的数学表达式为：

$$f = C - \phi + 1 \qquad (2-22)$$

相律是根据化学势相等推导出来的。只有在系统达到平衡时，每一组分在各相中的化学势才能相等，因此相律只适用于平衡状态下的系统。

对于指定的系统，相律主要用来描述f与ϕ的关系。由相律可知，当ϕ增加，f减小；反之，当ϕ减小，f增加。当f最小时，ϕ为最大；反之，f最大时，ϕ为最小。

相律是指导相平衡的普遍性规律。它可以指出在某一平衡条件下，指定系统中可以出现几个相，若系统中物相的数目已经确定，反过来可以根据相律求出系统的自由度数。它在理论研究和指导实践上均具有重要意义。研究一个新系统及制作其相图时，常常需要借助于相律来检查实验结果的正确性。因此相律可以帮助人们分析和解释许多具体问题。学习相平衡理论时，利用相律分析相图能帮助人们更深刻地理解相图的含意。

【例2-6】　确定 $N_2(g)$、$H_2(g)$、$NH_3(g)$ 系统中，不同条件下的组分数C、相数ϕ及自由度数f：

（1）无化学反应发生；

（2）当 $T = 450℃$，$p = 150 \times p^{\ominus}$，无催化剂，不发生化学反应；

（3）当 $T = 450℃$，$p = 150 \times p^{\ominus}$，有催化剂，发生化学反应；

（4）当 $T = 450℃$，$p = 150 \times p^{\ominus}$，有催化剂，发生化学反应，且投料比为：$N_2 : H_2 = 1:3$。

解：（1）$C = 3$，$\phi = 1$，$f = C - \phi + 2 = 3 - 1 + 2 = 4$

（2）$C = 3$，$\phi = 1$，$f = C - \phi + 0 = 3 - 1 + 0 = 2$

（3）$C = S - R = 3 - 1 = 2$；$\phi = 1$，$f = C - \phi + 0 = 2 - 1 + 0 = 1$

（4）$C = S - R - R' = 3 - 1 - 1 = 1$；$\phi = 1$，$f = C - \phi + 0 = 1 - 1 + 0 = 0$

【例2-7】　碳酸钠与水可组成下列化合物：$Na_2CO_3 \cdot H_2O$；$Na_2CO_3 \cdot 7H_2O$；$Na_2CO_3 \cdot 10H_2O$。试说明：

（1）标准压力下，与碳酸钠水溶液和冰共存的含水盐最多可以有几种？

（2）在30℃时，可与水蒸气平衡共存的含水盐最多可有几种？

解：此系统由 Na_2CO_3 和 H_2O 构成，$S = 2$。虽然可有多种固体含水盐存在，但每形成一种含水盐，物种数增加一的同时，增加一个化学平衡关系式，$R=3$，因此 $C=2$。

(1) 指定标准压力下，相律变为：$f=C-\phi+1=2-\phi+1=3-\phi$。

当相数最多时自由度最少，即 $f_{min}=0$，此时，$\phi=3$，因此与碳酸钠水溶液和冰共存的含水盐最多只能有一种。

(2) 指定在30℃时，相律变为：$f=C-\phi+1=2-\phi+1=3-\phi$。

同理，相数最多时自由度最少，即 $f_{min}=0$，此时，$\phi=3$，因此，可与水蒸气平衡共存的含水盐最多只能有两种。

2.4.2.2 二元相图实际案例分析

二元相图是最基本的相图，它能清楚地表明体系内各种浓度的物质的熔化温度以及在凝固后发生的同素异构转变，体系内化合物存在情况以及其稳定性等。二元熔体相图的类型很多，大体分为同素型、分解型、化合型三大类，它们的特征见表2-9。

表2-9 二元相图的分类及特征

相图类型	相图名称	转变特征	说 明
同素型	匀晶转变	$L \rightleftharpoons \alpha$	某温度下只发生液相到固相的转变，没有晶型转变
	异晶转变	$\gamma \rightleftharpoons \alpha$	某温度下只发生晶型转变
分解型	共晶转变	$L \rightleftharpoons \alpha+\beta$	某温度下由一个液相分解为两个不同的新固相
	共析转变	$\gamma \rightleftharpoons \alpha+\beta$	某温度下由一个固相分解为另外两个不同的新固相
	熔晶转变	$\delta \rightleftharpoons L+\gamma$	某温度下由一个固相分解为一个液相和另一个新固相
	偏晶转变	$L_1 \rightleftharpoons L_2+\alpha$	某温度下由一个液相分解为一个固相和另一个新液相
化合型	包晶转变	$L+\beta \rightleftharpoons \alpha$	某温度下由一个液相和一个固相化合成为另一个新固相
	包析转变	$\gamma+\beta \rightleftharpoons \alpha$	某温度下由两个不同的新固相化合成为另一个新固相

A CaO-SiO_2 相图

CaO-SiO_2 二元系相图是讨论冶金渣系相图最常见的相图。如图2-10所示，CaO-SiO_2 二元系有四种新的化合物：两种一致熔化化合物（稳定化合物）CS（$CaO \cdot SiO_2$）和 C_2S（$2CaO \cdot SiO_2$），两种不一致熔化化合物（不稳定化合物）C_3S（$3CaO \cdot SiO_2$）和 C_3S_2（$3CaO \cdot 2SiO_2$）。因该体系比较复杂，现以稳定化合物为界，将整个相图分为三个二元子相图：CaO-C_2S，C_2S-CS，CS-SiO_2。体系中各转变点的性质见表2-10。

表2-10 CaO-SiO_2 二元系转变点性质

温度/℃	相平衡关系	平衡性质
2570	$CaO \rightleftharpoons L$	熔 化
1723	$SiO_2 \rightleftharpoons L$	熔 化
1700	$L_2 \rightleftharpoons$ α-方石英 + L_1	偏晶转变
1436	$L_1 \rightleftharpoons$ α-鳞石英 + α-CS	共晶转变
1544	$CS \rightleftharpoons L$	熔 化
1455	$L \rightleftharpoons$ α-CS + C_3S_2	共晶转变

续表 2-10

温度/℃	相平衡关系	平衡性质
1475	α-$C_2S + L \rightleftharpoons C_3S_2$	包晶转变
2130	α-$C_2S \rightleftharpoons L$	熔 化
2070	$L \rightleftharpoons \alpha$-$C_2S + CaO$	共晶转变
1900	α-$C_2S + CaO \rightleftharpoons C_3S$	包析转变
1250	$C_3S \rightleftharpoons \alpha'$-$C_2S + CaO$	共析转变
870	α-鳞石英$\rightleftharpoons\alpha$-石英	同素异晶转变
1210	α-CS$\rightleftharpoons\beta$-CS	同素异晶转变
575	α-石英$\rightleftharpoons\beta$-石英	同素异晶转变
1420	α-$C_2S \rightleftharpoons \alpha'$-$C_2S$	同素异晶转变
725	α'-$C_2S \rightleftharpoons \gamma$-$C_2S$	同素异晶转变

在 CaO-C_2S 二元子相图中，CaO 和 C_2S 在 2070℃时发生共晶转变。C_2S 是稳定化合物，熔点为 2130℃，在不同温度条件下发生复杂的多晶转变：

$$\gamma\text{-}C_2S \xrightleftharpoons{725℃} \alpha'\text{-}C_2S \xrightleftharpoons{1420℃} \alpha\text{-}C_2S$$

其中没有出现 β-C_2S，若通过急冷的办法得到高温稳定的 β-C_2S，这时 α'-C_2S 区就被 β-C_2S 替代。C_3S 是不稳定化合物，只在 1250～1800℃范围内稳定存在。低于 1250℃分解为 CaO 和 α'-C_2S，高于 1800℃又分解为 CaO 和 α-C_2S。

在 C_2S-CS 二元子相图中，在 1475℃时发生包晶转变，由液相 L_1 和 α-C_2S 生成一个不稳定化合物 C_3S_2，即自然界的硅钙石。在 1455℃时 C_3S_2 和 α-CS 发生共晶转变。

在 CS-SiO_2 二元子相图中，在高温区当 SiO_2 含量较高时存在一个液相分层区。从图 2-10中可见，在 SiO_2 相中加入少量 CaO 就能产生少量液相，且当温度升高时液相量的增加不大。如当加入 1% 的 CaO 时，在 1436℃时的液相量为 1/37 = 2.7%。此特点被用于耐火材料的生产，当生产硅砖时用 CaO 作为矿化剂，并不降低硅砖的耐火度。

由图 2-10 可知，各种硅酸钙盐的熔化温度都很高，熔点低于 1873K 的硅酸钙位于含 CaO 32%～59% 的狭窄组成范围内，而且如在含 CaO 59% 时再增加 CaO，则熔点将急剧升高，所以纯石灰质的硅酸盐在熔化温度上就不适于用作有色金属冶炼渣。但 CaO 能使炉渣的密度降低，且石灰质硅酸盐溶解重金属硫化物的能力比较小，所以作为一个造渣成分，还是有其有利的一面。

B Al_2O_3-SiO_2 相图

Al_2O_3-SiO_2 二元系相图对陶瓷与耐火材料有重要意义。该体系有一个稳定化合物：莫来石 $3Al_2O_3 \cdot 2SiO_2$（A_3S_2），也可认为是溶解了微量的 Al_2O_3 形成的固溶体。

Al_2O_3-SiO_2 系相图是硅铝质耐火材料的基本相图，对此图的研究较为充分，已先后提出了八种相图，其主要分歧在于图中 $3Al_2O_3 \cdot 2SiO_2$（莫来石）是稳定化合物还是不稳定化合物，是化合物还是固溶体。

本书所采用的图 2-11 所示的相图，视 $3Al_2O_3 \cdot 2SiO_2$ 为稳定化合物。若视 $3Al_2O_3 \cdot 2SiO_2$ 为不稳定化合物，在 1080℃存在包晶反应 $L_p + A = (A_3S_2)$。高于 1470℃为鳞石英，低于 1470℃为方石英。

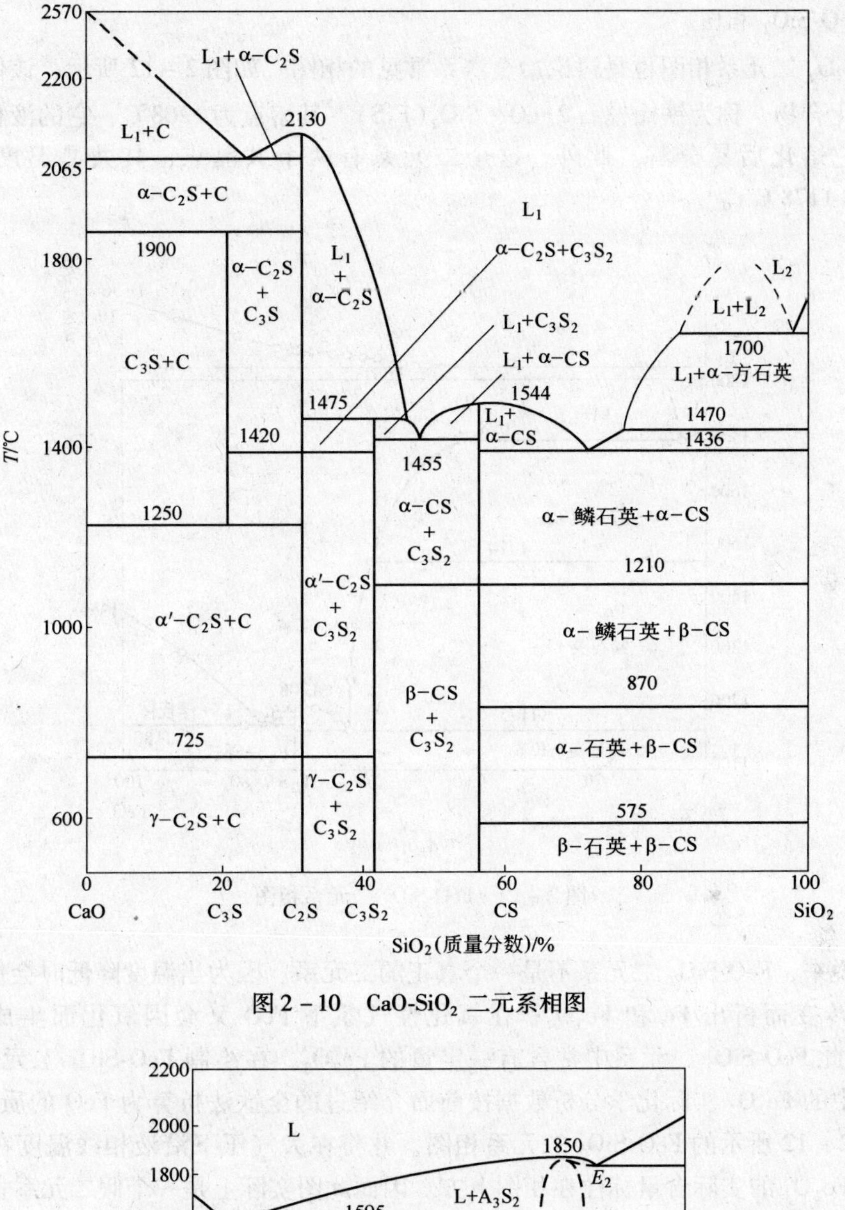

图 2－10　CaO-SiO_2 二元系相图

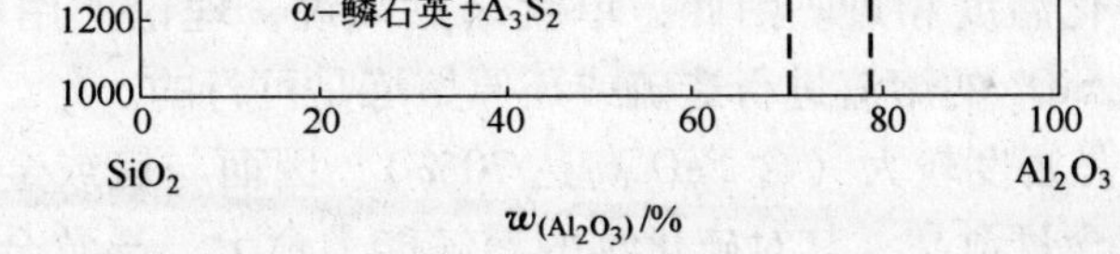

图 2－11　Al_2O_3-SiO_2 二元系相图

如图 2－11 所示，整个体系的熔化温度（液相线温度）都很高，最低温度（E_1 点）仍高达 1595℃，因而适合耐火材料的需要。

C FeO-SiO_2 相图

FeO-SiO_2 二元系相图也是讨论冶金渣系常见的相图。如图 2 – 12 所示，该体系只有一个稳定的化合物，称为铁橄榄石 2FeO · SiO_2(F_2S)，其熔点为 1208℃，它的液相线是平滑的，说明它熔化后易分解。此外，这个二元系有两个共晶点，其共晶温度几乎相等（1177℃和 1178℃）。

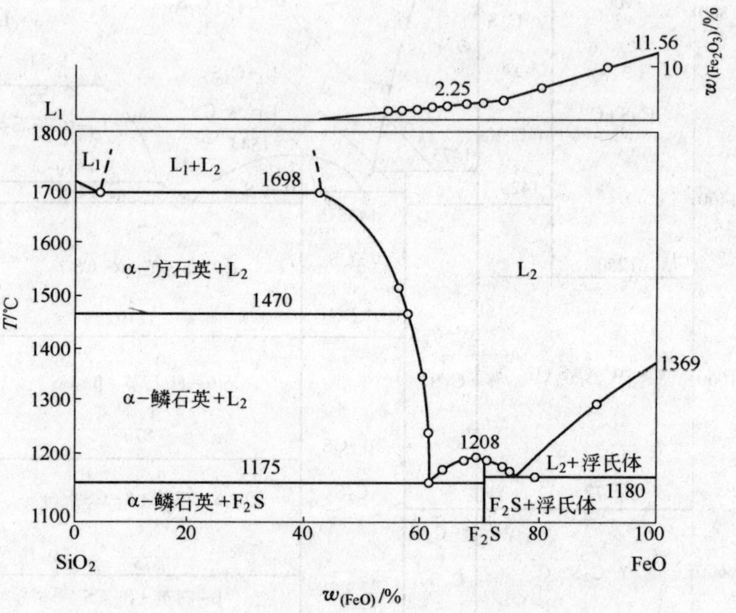

图 2 – 12 FeO-SiO_2 二元系相图

严格说来，FeO-SiO_2 二元系不是一个真正的二元系。因为当温度降低时会使部分 FeO 发生包晶转变而析出 Fe 和 Fe_3O_4；在氧化性气氛下 FeO 又会因氧化而生成 Fe_3O_4 或 Fe_2O_3。因此 FeO-SiO_2 二元系中常含有一定量的 Fe_2O_3。在绘制 FeO-SiO_2 二元系相图时，常把体系中的 Fe_2O_3 实际化学分析数据按前面介绍过的全铁法折算为 FeO 的质量分数后，绘制成图 2 – 12 所示的 FeO-SiO_2 二元系相图，并将在大气压下沿液相线温度在相应组成的熔体中 Fe_2O_3 的实际含量标注在相图上方。因而此图实际上是一个假二元系相图。当液相成分接近于铁橄榄石时，Fe_2O_3 的含量为 2.25%。

由图 2 – 12 可知，当 SiO_2 含量在 30% 左右时，系统的熔化温度最低（1175℃左右），与有色冶炼炉渣的熔化温度相近。因此，单就熔点来说，理论上用熔化温度为 1200℃，而成为接近纯 2FeO · SiO_2 的熔渣进行造硫或还原熔炼是可行的。

这种熔渣的缺点是密度较大（含 FeO 高达 70%），因而与锍或金属的分离效果不好。又因硅酸盐中的 FeO 含量愈高，其对硫化物的溶解能力愈大，导致金属损失增大。因此，在实践中不能单独用氧化亚铁硅酸盐作炉渣，而必须加入 CaO 以改善炉渣的性能。

2.4.2.3 三元相图实际案例分析

熔渣是多元的复杂体系，三元相图比二元相图更接近实际熔渣。由于图只能画在平面上，所以在三元相图中用等温线投影表示液相面的形态和趋势（类似地图上等高线），通常用等边三角形表示，称为浓度三角形。浓度三角形的三个顶点分别表示三个纯组元 A、B、C 及相应的纯组元的熔点状况；三角形的每一边被分为一百等份，每一边分别代表 A-B、A-C、B-C 三个二元系。三角形边上的点与二元系完全一样，表示含有两个组分的二元系；三角形内部的任意一点都表示一个含有 A、B、C 三个组分的三元系的组成。但凝固以后相的变化，在浓度三角形上无法表示。

A　$CaO-FeO-SiO_2$ 相图

根据对二元系相图的分析，说明纯氧化亚铁硅酸盐或纯氧化钙硅酸盐都不适宜于单独冶炼炉渣。在实践中，能符合冶金过程要求的炉渣是铁钙硅酸盐的熔融体，其中基本组成部分为 FeO、CaO 和 SiO_2。因此，$CaO-FeO-SiO_2$ 三元系是碱性炼钢炉渣及有色冶金炉渣最基础的相图。与 $FeO-SiO_2$ 二元系相同，由于存在氧化铁分解、氧化等原因，给 $CaO-FeO-SiO_2$ 三元系平衡状态图的研究带来一定困难，研究结果亦互有差异。

图 2-13 为 $CaO-FeO-SiO_2$ 三元系水平投影相图，简称 $CaO-FeO-SiO_2$ 三元系相图，图

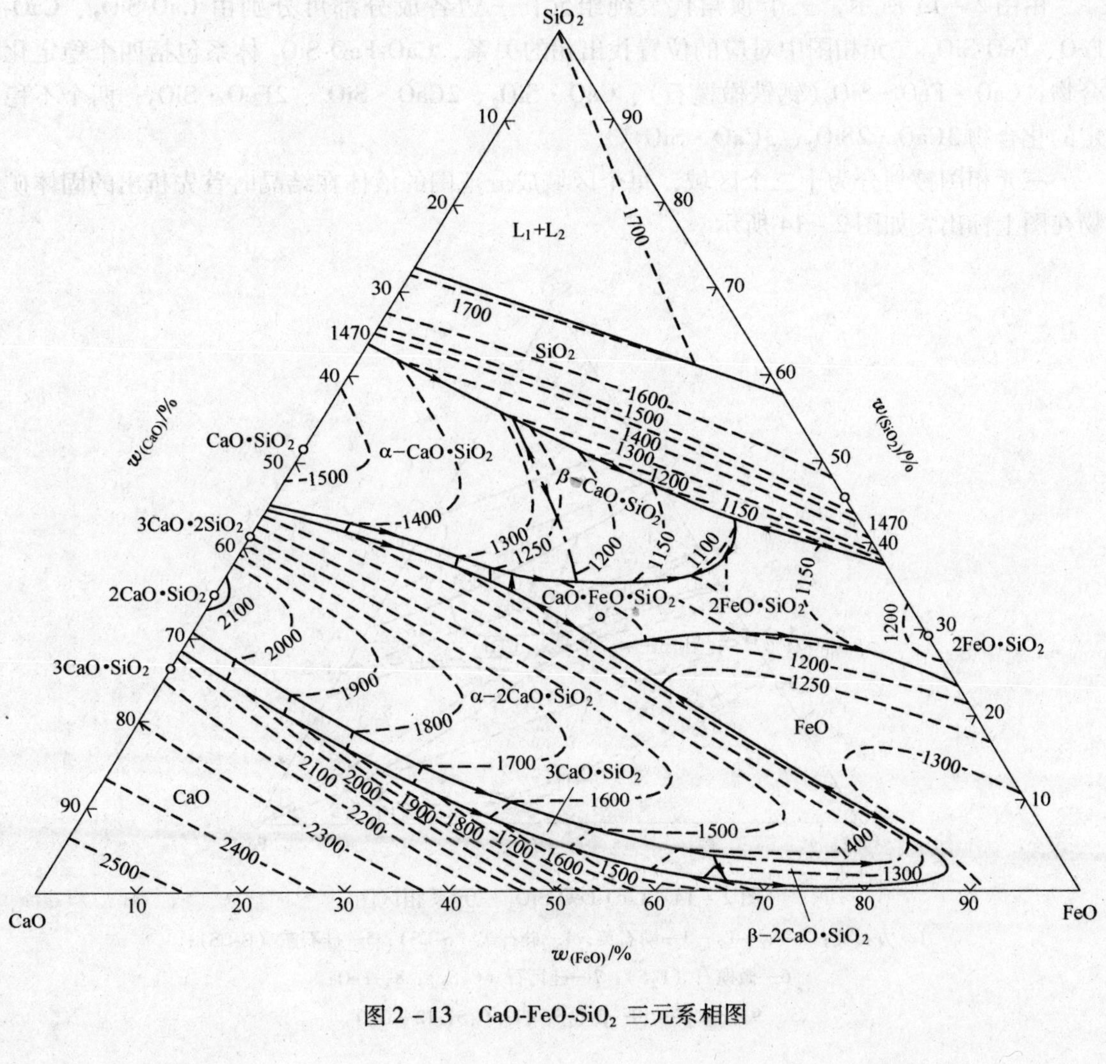

图 2-13　$CaO-FeO-SiO_2$ 三元系相图

上等温液相线代表固液饱和线，通过它可以确定结晶程序、自由度关系和相的关系，这对选择熔渣成分、分析造渣过程以及防止熔渣变稠等问题都是非常重要的。下面对该相图做简要分析。

CaO-FeO-SiO_2 体系的特点是其中有许多固溶体，而且在固相内进行着复杂的变化。图中靠近 SiO_2 顶角有较大范围的硅酸盐的液相分层区，而在偏 CaO 顶角则是高熔点的 CaO 存在区。在此两区之间为1400℃以下的单一液相区。其等温线由 CaO-SiO_2 边倾斜横越全图，直达 FeO-SiO_2 边，呈狭谷形状，其熔点最低的成分位于45% FeO、20% CaO 和35% SiO_2 附近，其最低温度约为1000℃，这个组成与铅鼓风炉的炉渣成分大致相同。但其他冶炼过程可能有其他特殊要求，如黏度、密度、电导率、对主金属的溶解能力等，因此，不是所有的冶金炉渣组成都落到这个区域内。由图2-13可以看出，在成分接近于 $2FeO\cdot SiO_2$（铁橄榄石）的炉渣中加入一定量的 CaO，可以造出熔化温度在1050~1150℃且适合于有色冶炼要求的炉渣。此外，加入 CaO 还可以使炉渣的密度及硫化物在炉渣中的溶解度都有所降低。

由图2-13所示，三个顶角代表纯组元，三边各成分都可分别由 CaO-SiO_2、CaO-FeO、FeO-SiO_2 二元相图中对应的位置找出相的关系，CaO-FeO-SiO_2 体系包括四个稳定化合物：$CaO\cdot FeO\cdot SiO_2$（钙铁橄榄石）、$CaO\cdot SiO_2$、$2CaO\cdot SiO_2$、$2FeO\cdot SiO_2$；两个不稳定的化合物 $3CaO\cdot 2SiO_2$、$3CaO\cdot SiO_2$。

三元相图被划分为十二个区域，每个区域成分范围的液体在结晶时首先析出的固体矿物在图上标出，如图2-14所示。

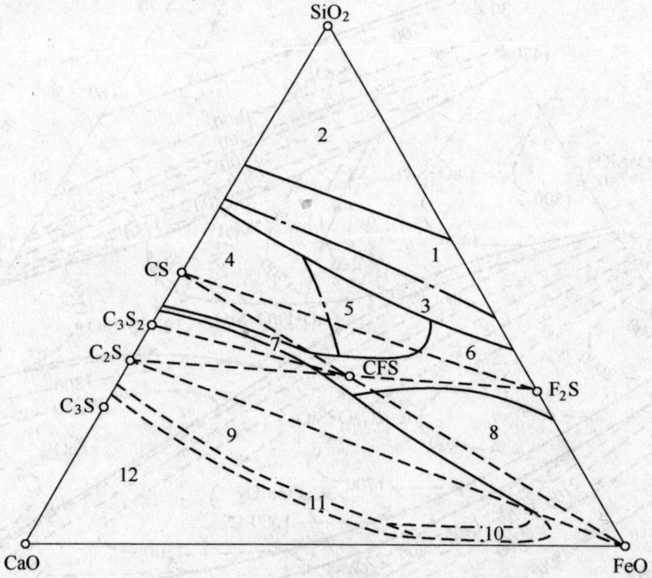

图2-14 CaO-FeO-SiO_2 三元系相区图

1—方石英；2—L_1+L_2；3—鳞石英；4—硅石灰（α-CS）；5—硅石灰（β-CS）；6—橄榄石（F_2S）；7—硅钙石（C_3S_2）；8—FeO；9—α-C_2S；10—β-C_2S；11—C_3S；12—CaO

通过对 CaO-FeO-SiO_2 三元系相图的分析，可以发现图中靠近 CaO 顶角和 SiO_2 顶角的区域的熔化温度都很高，因此不宜在这些区域造渣，而在 CS-F_2S 连接线上靠近铁橄榄石的一个斜长带状的区域是该三元系熔化温度较低的区域。熔化温度最低的是三元共晶点，为 1093℃ 左右。以此为核心向其周围扩展，由 1100℃、1150℃、1200℃ 等温线所包围的区域，包括靠近 FeO-SiO_2 二元系一侧的铁橄榄石及其两侧共晶点附近的区域，都可以是冶金生产所选用的三元炉渣的范围。这样就可以在考虑炉渣其他性质的影响下，根据冶金炉在冶炼时能达到的温度选择渣型：若冶炼温度较高，选渣的范围可以宽一些；若冶炼温度较低，选渣的范围就要窄一些。

B CaO-Al_2O_3-SiO_2 相图

图 2-15 所示为 CaO-Al_2O_3-SiO_2 三元系水平投影相图，三个顶角代表三个纯组元 CaO、Al_2O_3 和 SiO_2，三边各成分都可分别由 CaO-SiO_2、CaO-Al_2O_3、Al_2O_3-SiO_2 二元相图

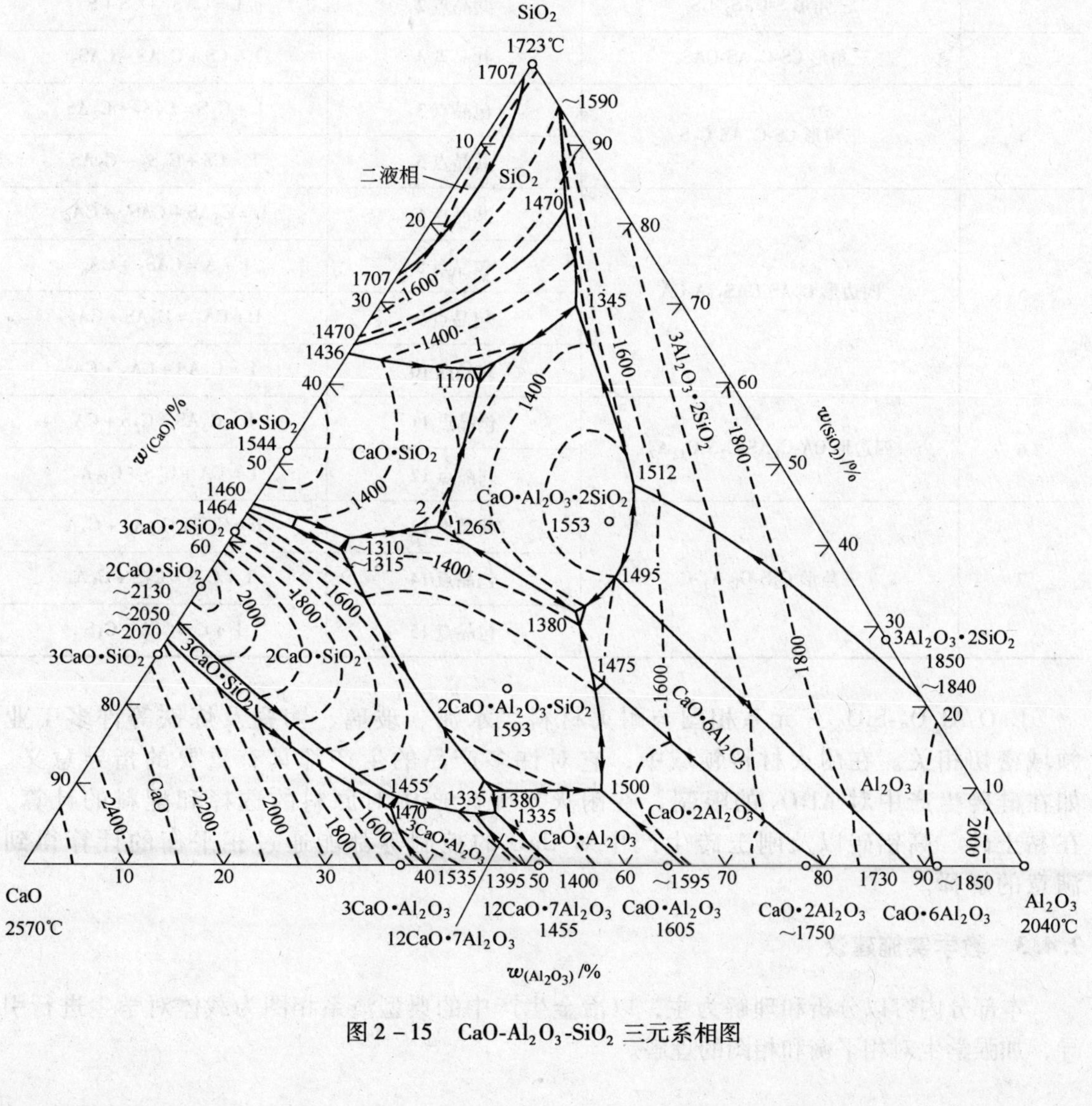

图 2-15 CaO-Al_2O_3-SiO_2 三元系相图

中对应的位置找出相的关系，$CaO\text{-}Al_2O_3\text{-}SiO_2$ 体系包括七个稳定化合物：$CaO \cdot Al_2O_3 \cdot 2SiO_2$（钙斜长石）、$2CaO \cdot Al_2O_3 \cdot 2SiO_2$（铝方柱石）、$CaO \cdot SiO_2$、$2CaO \cdot SiO_2$、$12CaO \cdot 7Al_2O_3$、$CaO \cdot Al_2O_3$、$3Al_2O_3 \cdot 2SiO_2$；五个不稳定的化合物 $3CaO \cdot 2SiO_2$、$3CaO \cdot SiO_2$、$3CaO \cdot Al_2O_3$、$CaO \cdot 2Al_2O_3$、$CaO \cdot 6Al_2O_3$。

每个化合物都有一个初晶区，再加上 CaO、Al_2O_3 初晶区和 SiO_2 角的三个初晶区（即双液区、方石英区和鳞石英区），总计有 17 个初晶区；图中显示的三元无变量点共有 15 个，其中共晶点 8 个，包晶点 7 个。具体分析见表 2 – 11。

表 2 – 11　$CaO\text{-}Al_2O_3\text{-}SiO_2$ 三元系相图的无变量点

序号	相图的区域	平衡性质	相平衡关系
1	三角形 $S\text{-}CAS_2\text{-}A$	共晶点 1	$L = CAS_2 + A_3S_2 + S$
		包晶点 7	$L + A = CAS_2 + A_3S_2$
2	三角形 $S\text{-}CAS_2\text{-}CS$	共晶点 2	$L = CAS_2 + CS + S$
3	三角形 $CS\text{-}C_2AS\text{-}CAS_2$	共晶点 4	$L = CS + C_2AS + CAS_2$
4	三角形 $CS\text{-}C_2AS\text{-}C_2S$	包晶点 3	$L + C_2S = C_3S_2 + C_2AS$
		共晶点 5	$L = CS + C_3S_2 + C_2AS$
5	四边形 $C_2AS\text{-}CAS_2\text{-}A\text{-}CA$	共晶点 6	$L = C_2AS + CAS_2 + CA_6$
		包晶点 8	$L + A = CAS_2 + CA_6$
		包晶点 9	$L + CA_2 = C_2AS + CA_6$
		共晶点 10	$L = C_2AS + CA_2 + CA$
6	四边形 $CA\text{-}C_2AS\text{-}C_2S\text{-}C_{12}A_7$	包晶点 11	$L + C_2AS = C_2S + CA$
		共晶点 12	$L = CA + C_2S + C_{12}A_7$
7	三角形 $C_2S\text{-}C_{12}A_7\text{-}C$	共晶点 13	$L = C_2S + C_{12}A_7 + C_3A$
		包晶点 14	$L + C_3S = C_2S + C_3A$
		包晶点 15	$L + C = C_3A + C_3S$

$CaO\text{-}Al_2O_3\text{-}SiO_2$ 三元系相图与耐火材料、水泥、玻璃、陶瓷及炼铁等许多工业领域密切相关。在耐火材料领域中，它对许多产品的生产都具有重要的指导意义。如在硅砖生产中对 Al_2O_3 的限制，在耐火水泥生产中对原料的选择和配料的计算，在黏土砖、高铝砖以及刚玉砖生产中对 CaO 的控制等都能通过相平衡的计算得到满意的解释。

2.4.3　教学实施建议

本部分内容以分析和理解为主，以冶金生产中的典型渣系相图为载体对学生进行引导，加强学生对相平衡和相图的理解。

2.4.4 思考与练习

一、填空题

1. 自由度是指________________________。
2. 相是指________________________。
3. 在一定温度下，由液相与固相化合成为另一个固相即为____________转变。
4. 在一定温度下，由液相分解为两个固相的即为____________转变。
5. 碳酸钠和水可以形成三种水合物，当在 100kPa 下该系统共存的相数最多为____________。
6. 对于二组分系统，通常情况下，自由度数最多为__________，相数最多为__________。若 p 或 T 任意一个量固定时，自由度数最多为__________，相数最多为__________。
7. 通常情况下三组分相图，最多相数为____________，最大的自由度数为____________。
8. 如果在一个封闭容器中装有两种不同种类的液体，且此两种液体能完全互溶，此时的相数为____________。
9. 对单组分相图，相数最多为____________，自由度数最多为____________。
10. 通常情况下，混合均匀的米粉和面粉的相数 $\phi=$____________。
11. 在 $I_2(s)$ 与 $I_2(g)$ 平衡的体系中，组分数 $C=$____________，相数 $\phi=$____________，自由度数 $f=$____________。
12. $CuSO_4$ 与水可生成 $CuSO_4\cdot H_2O$，$CuSO_4\cdot 3H_2O$，$CuSO_4\cdot 5H_2O$ 三种水合物，则在一定温度下与水蒸气平衡的含水盐最多为____________种。

二、计算及分析题

1. 已知：反应方程为 $NH_4Cl(s)=NH_3(g)+HCl(g)$，指出如下各系统的组分数、相数和自由度数各为多少？
（1）气态的 H_2、O_2 常温常压下溶于水且达到相平衡；
（2）C_2H_5OH 与水的溶液；
（3）$NH_4Cl(s)$ 在抽空容器中，部分分解为 $NH_3(g)$、$HCl(g)$ 达到平衡；
（4）$NH_4Cl(s)$ 在含有一定量 $NH_3(g)$ 容器中，部分分解为 $NH_3(g)$、$HCl(g)$ 达到平衡。
2. 已知 $Na_2CO_3(s)$ 和 $H_2O(l)$ 可以组成的水合物有 $Na_2CO_3\cdot H_2O(s)$，$Na_2CO_3\cdot 7H_2O(s)$，$Na_2CO_3\cdot 10H_2O(s)$，试问：
（1）在常压下与 Na_2CO_3 水溶液及冰平衡共存的含水盐最多可有几种？
（2）在常温下与水蒸气平衡共存的含水盐最多可有几种？
3. 读下图 CaO-SiO_2 二元相图，试回答：
（1）图中有哪几种稳定化合物，有哪几种不稳定化合物？
（2）请写出图中Ⅰ、Ⅱ两个区域的相。
（3）图中温度在 1455℃、1475℃时分别发生了什么转变？并写出其转变关系。
4. 下图是简单三元共晶系相图，试分析图中 O_1、O_2、O_3 三个点在冷却过程中系统的相变过程，画出结晶线路及冷却曲线。

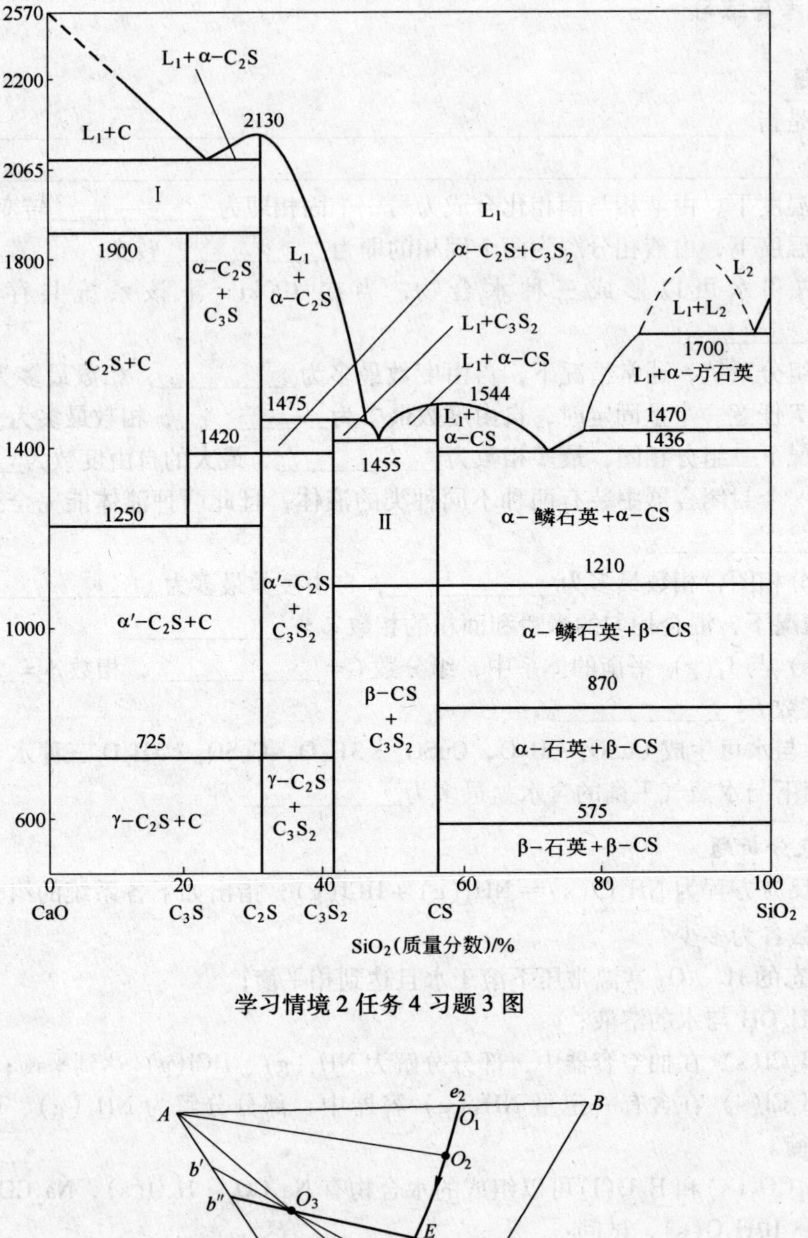

学习情境 2 任务 4 习题 3 图

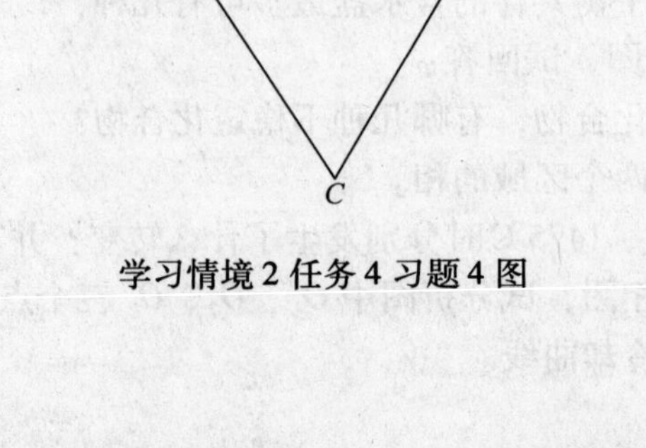

学习情境 2 任务 4 习题 4 图

学习情境3　火法冶金基础

任务3.1　化合物的分解－生成反应

知识目标：

（1）掌握分解－生成反应的热力学数据，求出各种氧化－还原反应的热力学数据；
（2）熟练掌握氧势图及其应用；
（3）熟悉分解压的概念；
（4）了解各种化合物的分解条件。

能力目标：

（1）会比较各种化合物在相同条件下稳定性的高低；
（2）会选择适当的还原剂、氧化剂；
（3）会利用氧势图分析并预测冶金过程。

3.1.1　任务描述

火法冶金过程中所用到的矿石、溶剂、还原剂、氧化剂等大多是由各种化合物组成的，如氧化物、硫化物、卤化物、碳酸盐等。因此，火法冶金生产过程的其他反应如还原反应、氧化反应等皆以化合物的分解－生成反应为基础。本任务将以氧化物的分解－生成反应为例介绍分解－生成反应、氧势图在冶金中的应用。

3.1.2　相关知识

化合物的分解反应指化合物被加热到一定温度时或在一定真空条件下分解为一种更简单的化合物（或金属）和气体的一种过程，$AB(s, l)=A(s, l)+B(g)$；而其逆反应则是化合物的生成反应，$A(s, l)+B(g)=AB(s, l)$。其中AB可能是碳酸盐、氧化物、硫化物或氯化物；A可能是相应的氧化物、金属或低价的氧化物、硫化物和氯化物；B可能是相应的二氧化碳、氧、硫或氯。常见的分解－生成反应有：

（1）氧化物的分解－生成反应。如：$2Fe_3O_4 = 6FeO + O_2$，$2Fe + O_2 = 2FeO$
（2）碳酸盐的分解－生成反应。如：$CaO + CO_2 = CaCO_3$
（3）硫化物的分解－生成反应。如：$2Fe + S_2 = 2FeS$
（4）卤化物的分解－生成反应。如：$\frac{1}{2}Ti + Cl_2 = \frac{1}{2}TiCl_4$
（5）还原剂化合物的分解－生成反应。如：$2C + O_2 = 2CO$，$2CO + O_2 = 2CO_2$

3.1.2.1　分解压

氧化物、卤化物、硫化物、碳酸盐等化合物的分解反应和生成反应，在冶金过程中具有特殊重要的意义，这类反应有一个共同的特点，就是参加反应的物质中，只有一个物质是气体，其他物质都可近似认为是纯液体或纯固体。因此，它们的平衡常数的表示式最简单。以氧化物的分解反应 $2MeO(s) = 2Me(s) + O_2(g)$ 为例，其平衡常数为：

$$K^{\ominus} = \frac{(a_{Me})^2 \cdot \frac{p_{O_2}}{p^{\ominus}}}{(a_{MeO})^2} = \frac{p_{O_2}}{p^{\ominus}}$$

再如，碳酸钙的分解反应 $CaCO_3(s) = CaO(s) + CO_2(g)$，其平衡常数可表示成 $K^{\ominus} = \frac{p_{CO_2}}{p^{\ominus}}$。

由于 $K^{\ominus}$ 是温度的函数，故当温度一定时，$K^{\ominus}$ 为常数，因此 p_{O_2} 或 p_{CO_2} 也是常数，与反应中其他物质的量无关。可见，p_{O_2} 或 p_{CO_2} 是反应达到平衡时该气体的平衡压力，我们称这种平衡压力为该物质的分解压。

定义：一定温度下，化合物的生成 - 分解反应达到平衡时产生的气体的分压即为分解压。为区别于物质的实际分压，常用 p^* 或 $p_{分解}$ 来表示分解压。若化合物分解出的气体产物不止一种，则分解压为所有气体产物压力之和。化合物在任意温度下的分解压的数值，可以通过实验获得，也可以计算得到。表 3 - 1 所示是不同温度下碳酸钙的分解压。

表 3 - 1　不同温度下碳酸钙的分解压

温度/℃	500	600	700	800	897	1100	1200
p^*/Torr	0.093	2.42	29.2	220	1000	11500	28680

注：1Torr = 133.322Pa。

以分解反应 $AB(s, l) = A(s, l) + B(g)$ 为例来进行分析，图 3 - 1 所示为化合物 AB 的分解 - 生成反应平衡图。从图中可以看出，曲线上的点表示不同温度下反应的平衡分压即分解压 p^*，则实际分压 p_B = 分解压 p^*，有 $\Delta_r G_m = 0$，则物质 AB、A、B 同时平衡共存；曲线以上的区域，其实际分压 p_B > 分解压 p^*，有 $\Delta_r G_m > 0$，则反应向 AB 生成的方向进行，该区域是 AB 的稳定区，在冶金中称为 AB 的优势区；而曲线以下的区域，其实际分压 p_B < 分解压 p^*，有 $\Delta_r G_m < 0$，则反应向 AB 分解的方向进行，该区域是 AB 的分解区。因此，将实际分压与分解压相比较，可以来判断反应的方向。

分解压的大小也是衡量化合物稳定程度的一个尺度。分解压越大，表示该化合物越容易分解，即化合物越不稳定；分解压越小，表示该化合物越难分解，即该化合物越稳定。

由表 3 - 1 的数据和图 3 - 1 可见，分解压的大小受温度的影响。温度升高时，分解压也随之增加，且增加的速度相当快。所以，升高温度是加速化合物分解的有效措施。此外，从图 3 - 1 可见，降低气相中 B 的分压也是加速化合物分解的有效措施。

当化合物加热到分解压等于放出气体在气相中分压时的温度时，AB 开始分解，该温度称为化合物分解的开始温度 $T_{开}$。当化合物继续加热，其分解压达到体系的总压时，此时温

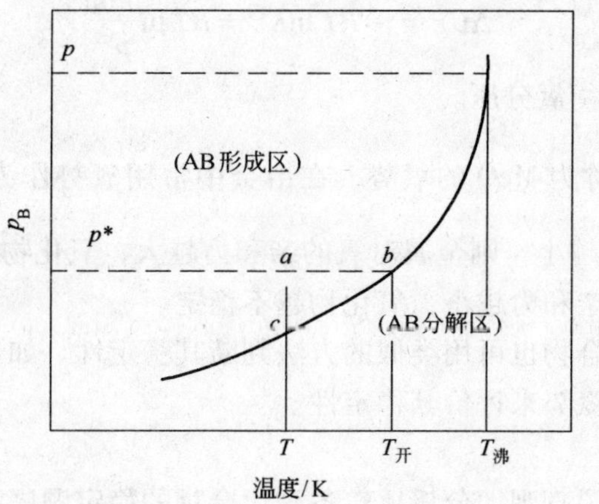

图 3 - 1　化合物分解 - 生成反应平衡图

度称为化合物分解的沸腾温度 $T_{沸}$。若以气体中分压 $p_B = p_{分解}$ 代入方程 $\Delta_r G^{\ominus} = -RT\ln\frac{p_{分解}}{p^{\ominus}}$，可求出开始分解温度；而以体系中总压 $p_{总} = p_{分解}$ 代入，可求出沸腾温度。当气相中只有一种气体时，开始分解温度与沸腾温度相等。一般地，p_B 是总压的一部分，开始分解温度小于沸腾温度。实际上，为使化合物实现分解，需加热到沸腾温度。由此，可利用分解压确定物质分解的温度条件；反之，也可以确定在某温度下分解反应的压力条件。

【例 3 - 1】　已知 298K 时反应 $NH_4HS(s) = NH_3(g) + H_2S(g)$ 的平衡常数 $K^{\ominus} = 0.109$，298K 下若将固体 NH_4HS 放入已盛有 $0.45p^{\ominus}$kPa H_2S 的密闭容器中进行反应，求达到平衡时各气体的分压。

解：设 NH_3 的平衡分压为 p_{NH_3}，则 H_2S 的平衡分压为：

$$p_{H_2S} = 0.45p^{\ominus} + p_{NH_3} \quad (1)$$

所以

$$K^{\ominus} = 0.109 = \frac{p_{NH_3}}{p^{\ominus}}\frac{p_{H_2S}}{p^{\ominus}} \quad (2)$$

将（1）和（2）两式联立起来得：$p_{NH_3} = 17.7$kPa

所以

$$p_{H_2S} = 0.45p^{\ominus} + p_{NH_3} = 45 + 17.7 = 62.7\text{kPa}$$

3.1.2.2　氧化物的分解 - 生成反应

在各种分解 - 生成反应中，以氧化物的分解 - 生成反应最为重要，它的研究也为其他冶金反应的研究提供了基础。下面来讨论氧化物的分解 - 生成反应的特点。

A　氧化物的氧势

在标准状态下，金属与 1mol 氧气反应生成氧化物时，其反应为：

$$\frac{2x}{y}Me(s) + O_2(g) = \frac{2}{y}Me_xO_y(s)$$

现假设反应所涉及的气体为理想气体，Me 为金属单质或低价金属氧化物，MeO 为高价金属氧化物，Me 和 MeO 均以凝聚相存在，且不相互溶解，则有：

$$\Delta G^{\ominus} = -RT\ln K^{\ominus} = RT\ln\frac{p_{O_2}}{p^{\ominus}} \qquad (3-1)$$

式中　p_{O_2}——反应的平衡氧分压。

习惯上将 $RT\ln\frac{p_{O_2}}{p^{\ominus}}$称为 MeO 的氧势，在冶金中常用氧势作为评价氧化物相对稳定性的标志。p_{O_2}越小，氧势越小，则金属对氧的亲和力越大，氧化物越稳定；反之，p_{O_2}越大，氧势越大，金属对氧的亲和力越小，氧化物越不稳定。

同理，对于其他化合物也可用类似的方法判断其稳定性。如氯化物、硫化物、氮化物可分别用氯势、硫势、氮势来评价其稳定性。

B　氧势图

在火法冶金中，为了直观地分析比较各种化合物的稳定顺序和氧化还原的可能性，分析冶金反应进行的条件，常将反应的 $\Delta G^{\ominus}-T$ 关系作图，即吉布斯自由能图。按不同化合物区分为：氧化物吉布斯自由能图（冶金中常称氧势图，氧位图）、氯化物吉布斯自由能图、硫化物吉布斯自由能图、氮化物吉布斯自由能图等。各种化合物吉布斯自由能图的作图方法、分析和使用方法都是一致的，下面以氧化物吉布斯自由能图为例进行分析。

前面讲过，只有当各金属氧化物中氧含量相同时，它们的生成吉布斯自由能才能表示各金属对氧的化学亲和力大小，才能直接进行比较。习惯上以 1mol 氧所生成的氧化物的生成吉布斯自由能作为标准，称氧势，用氧势来进行比较。因而吉布斯自由能图中各氧化物的分解－生成反应皆以 Me 与 1mol 氧（O_2）所生成的氧化物（MeO）为标准。

吉布斯自由能图是反应的标准吉布斯自由能变化 $\Delta G^{\ominus}$与温度的关系曲线图，因而只能适用于标准状态，即参与反应的物质中，凝聚相（固，液相）为定组成化合物，气相分压为 100kPa。若凝聚相为不定组成化合物（如固溶体或溶液）不适用。

现以氧势 $RT\ln\frac{p_{O_2}}{p^{\ominus}}$为纵坐标，温度 T 为横坐标，将各种氧化物的关系曲线 $\Delta G^{\ominus}=A+BT$ 绘制在一张图中，这就是氧化物吉布斯自由能图，即氧势图，如图 3－2 所示。

图中的线称为氧化物的氧势线，每一条氧势线代表着一个氧化反应。图中只画出了氧势小于 0 的氧势线，也就是说在图中范围内氧化物的生成反应为自发过程。

氧化物的吉布斯自由能与温度关系的直线 $\Delta G^{\ominus}=A+BT$ 形式上与吉布斯自由能的定义式 $\Delta G^{\ominus}=\Delta H^{\ominus}+\Delta S^{\ominus}T$ 相似，直线式的斜率 B 相当于在关系式适用温度范围内反应的 $-S^{\ominus}$平均值。

C　氧势图的应用

氧势图是火法冶金中最为主要的图形之一，对火法冶金过程氧化还原反应的热力学判断有重要作用。

a　氧化物的 $\Delta G^{\ominus}$随温度变化的规律

氧势图直观地反映了各种氧化物的 $\Delta G^{\ominus}$随温度变化的规律，并从图上可以得到指定温度下 $\Delta G^{\ominus}$的数值。从图 3－2 可以看出，除 CO 和 CO_2 等为数不多的几条氧势线外，大多数氧势线都是向上倾斜，则这些氧化物的 $\Delta G^{\ominus}$值都随温度的升高而加大。也就是说，氧化物的生成趋势随温度的升高而减弱，或者说随温度升高氧化物的分解趋势加大。

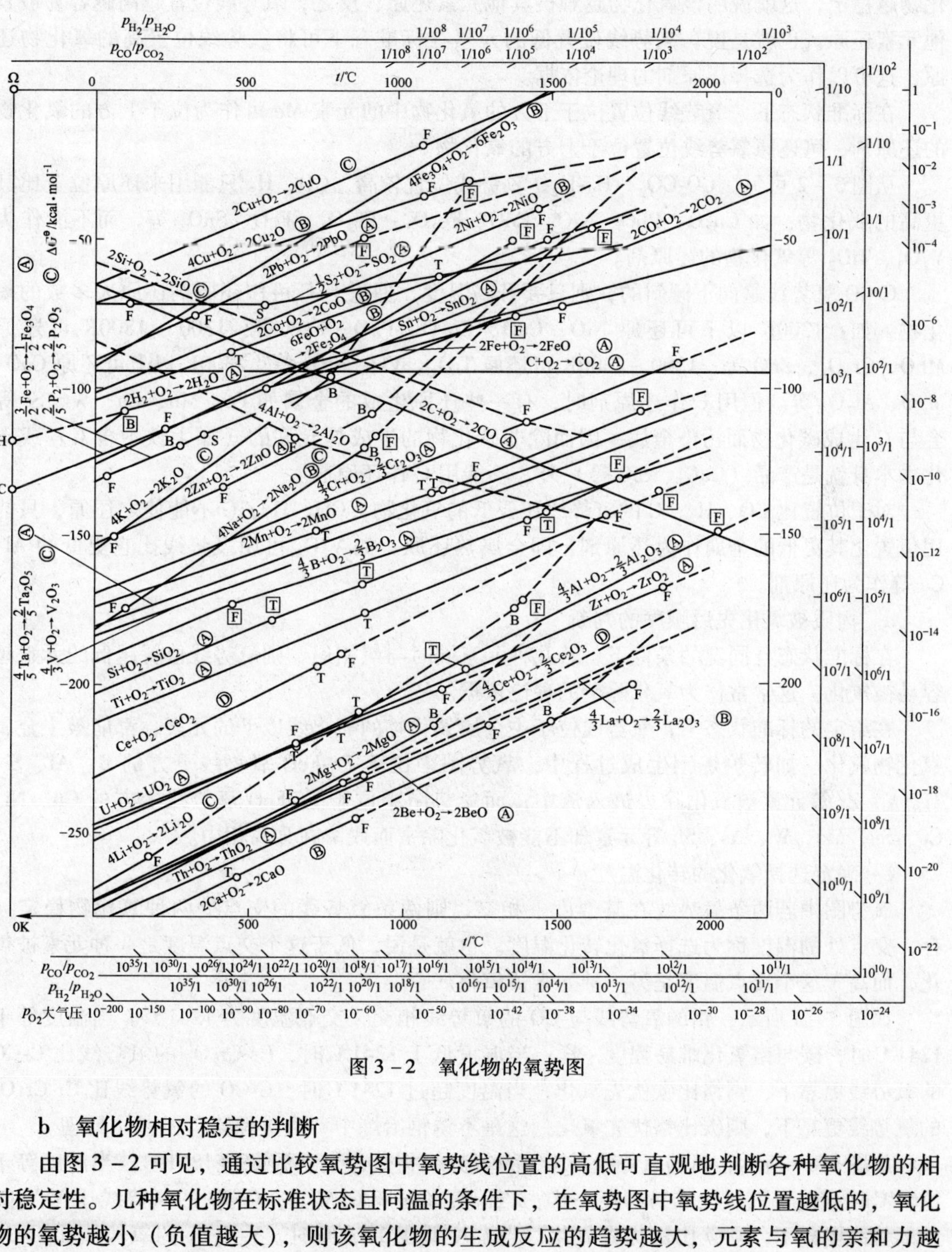

图 3－2　氧化物的氧势图

b　氧化物相对稳定的判断

由图 3－2 可见，通过比较氧势图中氧势线位置的高低可直观地判断各种氧化物的相对稳定性。几种氧化物在标准状态且同温的条件下，在氧势图中氧势线位置越低的，氧化物的氧势越小（负值越大），则该氧化物的生成反应的趋势越大，元素与氧的亲和力越强，因此该氧化物越稳定。冶金生产中常常利用这一特性来选择还原剂，判断被氧化的难易程度等。

c　还原剂的选择

前面提到几种氧化物在标准状态且同温的条件下，在氧势图中氧势线位置越低的，氧化物越稳定，这就说明该氧化物越难被其他元素还原；反之，氧势线位置越高越容易被其他元素还原。也就是说，氧势线位置低的元素在标准态下可将氧势线位置高的氧化物还原，这可以作为选择还原剂的理论依据。

在标准状态下，氧势线位置位于下方的氧化物中的元素 Me 可作为位于上方的氧化物的还原剂，可还原氧势线位置位于上方的氧化物。

从图 3－2 可见，CO-CO_2、H_2-H_2O 氧势线位置较高，CO、H_2 只能用来还原位置比其更高的氧化物，如 Cu_2O、PbO、NiO、CoO、Fe_2O_3、Fe_3O_4、FeO、SnO_2 等，而不能作为 V_2O_3、TiO_2 等氧化物的还原剂。

C-CO 氧势线是向下倾斜的，则只要升高温度，理论上 C 可作还原剂还原大多数的氧化物，如：1300K 以下可还原 NiO、CaO、Cu_2O、PbO、FeO 等；1300～1800K 可还原 MnO、Cr_2O_3、ZnO 等；1800～2300K 可还原 TiO_2、VO、SiO_2 等；2300K 以上可还原 CaO、MgO、Al_2O_3 等。但用 C 作还原剂时，有一些还原生成的金属如 Fe、Mn、Ca、W、Si 等会与 C 生成碳化物而污染金属，因而除非碳化物的生成是允许的（如生铁中含 C）或碳化物本身就是产品（CaC_2、SiC 等）外，不能用 C 作还原剂。

对于位置比 CO、H_2、C 的氧势线还要低的氧化物，CO、H_2、C 不能使之还原，只能用位置比其更低的金属作为还原剂，即金属热还原。如 V_2O_3 可用氧势线比它更低的 Al、Ca 等作为还原剂。

d　物质被氧化先后顺序的判断

在标准状态且同温的条件下，若几种元素同时与氧相遇，则氧势线位置越低的元素越容易被氧化。这常常作为氧化除杂的理论依据。

在给定的标准状态下，氧势线位于主金属氧化物的氧势线以下的元素，都能被主金属氧化物氧化。如转炉炼钢生成过程中，氧势图中位于 Fe-FeO 氧势线下方的 B、Al、Si、Ti、V、Zr 等元素被氧化除去进入渣中；而氧势图中位于 Fe-FeO 氧势线上方的 Cu、Ni、Co、Sn、Mo、W、As、Sb 等元素却不能被氧化除去而残留在金属相中。

e　确定选择氧化的转化温度

氧势图中若两条氧势线在某温度下相交，则两条氧势线的交点处两种氧化物稳定共存，交点处的温度称为选择氧化转化温度。也就是说，低于这个交点温度是一种元素被氧化，而高于这个交点温度是另一种元素被氧化。

如图 3－3 所示，铬的氧势线与 CO 的氧势线相交，交点温度为 1241℃。当温度等于 1241℃时，碳与铬氧化难易程度一样；当温度低于 1241℃时，Cr-Cr_2O_3 的氧势线比 C-CO 的氧势线更靠下，则铬比碳优先氧化；当温度超过 1241℃时，C-CO 的氧势线比 Cr-Cr_2O_3 的氧势线更靠下，则碳比铬优先氧化。这是不锈钢冶炼中“去碳保铬”的基本原理。

如图 3－4 所示，钒的氧势线与 CO 的氧势线相交，交点温度为 1361℃。当温度等于 1361℃时，碳与钒氧化难易程度一样；当温度超过 1361℃时，C-CO 的氧势线比 V-V_2O_3 的氧势线更靠下，则碳比钒优先氧化；当温度低于 1361℃时，V-V_2O_3 的氧势线比 C-CO 的氧势线更靠下，则钒比碳优先氧化。这是钒渣生产中“脱钒保碳”的基本原理。

往往一个氧化还原反应我们可以将其看成两个氧化反应：一个正向进行，一个逆向进行，在氧势图上找出这两个氧化反应的氧势线，并找出其交点，就可以按上述方法确定选择氧化的转化温度。

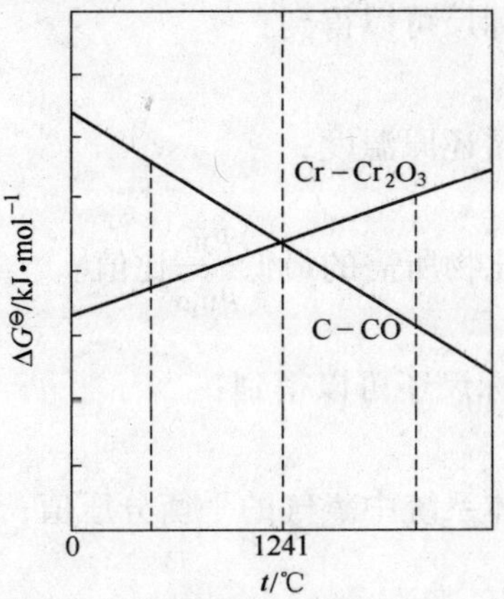

图 3 - 3　铬和碳的选择氧化

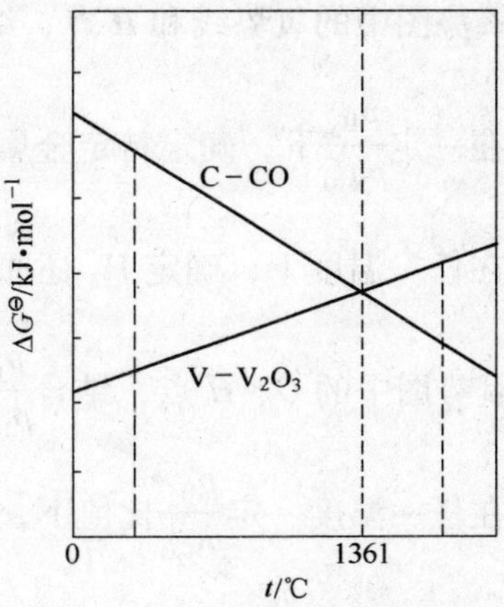

图 3 - 4　钒和碳的选择氧化

此外，这种方法还可用来判断选择性氧化 - 还原的方向，确定氧化 - 还原反应要按照我们所需的方向进行所要求的温度条件；还可确定在冶金条件下，在升温过程中元素氧化的先后次序，由此确定工艺参数来控制冶金过程的进行。

f　求氧化物的分解压

利用氧势图结合 p_{O_2} 专用标尺可用来直接读出各 MeO 在指定温度下的分解压 p_{O_2}，或在指定外压 p_{O_2} 下的分解温度。

读取 TK 温度时的氧化物分解压：过温度 TK 做横坐标的垂直线与氧化物的氧势线相交，连接氧势图上的 O 点与温度 TK 时氧势线交点，并延长到与氧分压标尺相交，交点时的读数即为氧化物的分解压。其中氧势图上的 O 点，是对应于 $p_{O_2} = 100\text{kPa}, 0\text{K}$ 时，$RT\ln(p_{O_2}/p^{\ominus}) = 0$ 的特定点。

上述逆过程即可在氧势图上读出指定外压 p_{O_2} 下氧化物的分解温度。

g　专用标尺 $\dfrac{p_{CO}}{p_{CO_2}}$ 的应用

利用氧势图中的氧势线和 C 点，结合 $\dfrac{p_{CO}}{p_{CO_2}}$ 专用标尺可以得到：

（1）在一定 $\dfrac{p_{CO}}{p_{CO_2}}$ 下，确定特定金属氧化物的开始还原温度。

（2）在任一温度下，确定 CO 还原任一金属氧化物所需的最低 $\dfrac{p_{CO}}{p_{CO_2}}$ 比值。

利用氧势图中的 O、C 点，结合 $\dfrac{p_{CO}}{p_{CO_2}}$ 和 p_{O_2} 专用标尺还可以得到：

（1）在任一温度一定 $\dfrac{p_{CO}}{p_{CO_2}}$ 比值下，确定混合气体系统中氧气的平衡分压值。

（2）在任一温度一定 p_{O_2} 下，确定混合气体系统中 $\dfrac{p_{CO}}{p_{CO_2}}$ 平衡比值。

h　专用标尺 $\dfrac{p_{H_2}}{p_{H_2O}}$ 的应用

利用氧势图中的氧势线和 H 点，结合 $\frac{p_{H_2}}{p_{H_2O}}$ 专用标尺可以得到：

（1）在一定 $\frac{p_{H_2}}{p_{H_2O}}$ 下，确定特定金属氧化物的开始还原温度；

（2）在任一温度下，确定 H_2 还原任一金属氧化物所需的最低 $\frac{p_{H_2}}{p_{H_2O}}$ 比值。

利用氧势图中的 O、H 点，结合 $\frac{p_{H_2}}{p_{H_2O}}$ 和 p_{O_2} 专用标尺还可以得到：

（1）在任一温度一定 $\frac{p_{H_2}}{p_{H_2O}}$ 比值下，确定混合气体系统中氧气的平衡分压值；

（2）在任一温度一定 p_{O_2} 下，确定混合气体系统中 $\frac{p_{H_2}}{p_{H_2O}}$ 平衡比值。

D　氧化物分解－生成反应的特征

金属尤其是过渡金属元素可有几种价态及相应地有几种氧化物存在。如 Fe 的氧化物有 Fe_2O_3、Fe_3O_4、FeO 等；Ti 的氧化物有 TiO_2、Ti_3O_5、Ti_2O_3、TiO 等；V 的氧化物有 V_2O_5、V_2O_4、V_2O_3、VO 等。这些不同价态的氧化物的氧势服从氧势递增原理，即在任意 Me-O 体系中，相邻氧化物的氧势随氧含量的增加而增加，即氧化物的价态越高，氧势越大，氧化物越不稳定。

根据氧势递增原理，氧化物的分解－生成反应遵循以下规律：

（1）金属氧化物的分解或生成都遵循逐级转变原则：金属氧化物在分解（或被还原）时，通常总是高价氧化物按照其化合价的价态由高价氧化物依次转变为次一级的氧化物，最后才由其低价氧化物转变为金属。而金属的氧化过程也遵循该原则，从低价态依次转变为高一级价态的氧化物，最后才转变为最高价的氧化物。如，

铁氧化物分解：　　$Fe_2O_3 \longrightarrow Fe_3O_4 \longrightarrow FeO \longrightarrow Fe$

铁的氧化：　　$Fe \longrightarrow FeO \longrightarrow Fe_3O_4 \longrightarrow Fe_2O_3$

钛氧化物分解：　　$TiO_2 \longrightarrow Ti_3O_5 \longrightarrow Ti_2O_3 \longrightarrow TiO \longrightarrow Ti$

（2）在同种金属元素不同价态的氧化物中，高价态氧化物的稳定性比低价态氧化物差。温度升高时，低价态氧化物的稳定性增强；温度降低时，则高价态氧化物的稳定性增强。

（3）最低价的氧化物都有其稳定存在的最低温度，高于此温度它才能存在。如 FeO 只能在高于 570℃ 才能存在，(SiO)(g) 只能在 1500℃ 以上存在，Cu_2O 只能在 375℃ 以上存在，CrO 只能在 1050℃ 以上存在。因此，氧化物的分解包括高温转变和低温转变。如铁的氧化物的分解顺序：

$t > 570$℃时　　$Fe_2O_3 \longrightarrow Fe_3O_4 \longrightarrow FeO \longrightarrow Fe$

$t < 570$℃时　　$Fe_2O_3 \longrightarrow Fe_3O_4 \longrightarrow Fe$

3.1.3　教学实施建议

本任务主要介绍化合物的分解－生成反应，教师可以详细讲解氧化物的分解－生成反应及氧势图的应用，并以引导文的方法让学生通过查询资料学习氯化物的分解－生成反应

及氯势图的应用，为后面的氯化冶金做好准备。

3.1.4 思考与练习

一、填空题

1. 相同条件下，元素氧化物分解压力越低，则该元素与氧的亲和力越__________。
2. 相同条件下在同种金属元素不同价态的氧化物中，高价态氧化物的稳定性比低价态氧化物__________。
3. 氧化物分解反应达到平衡时，产生气体的压力称为__________。
4. 分解压越大，表示该化合物越__________分解，即化合物越__________；分解压越小，表示该化合物越__________分解，即该化合物越__________。
5. 氧势图上大多数氧势线向上倾斜，说明随温度升高氧化物的分解趋势__________。

二、选择题

1. 氧化物分解反应达到平衡时，产生气体的压力即称分解压力。如果氧化物愈稳定则(　　)。
   A. 分解压愈大　　B. 分解压愈小　　C. 与分解压大小无关
2. 相同条件下，氧化物的分解压越大，表明(　　)。
   A. 氧化物越稳定　　B. 氧化物越不稳定　　C. 没影响
3. 氧化物的稳定性可以用化合物的分解压力来衡量，分解压越大，氧化物(　　)。
   A. 越不易分解，越稳定　　B. 越易分解，越不稳定
   C. 氧势越低，越不稳定　　D. 氧势越高，越稳定

三、判断题

1. 利用化合物分解时产生的分解压可以判断炼钢中各元素氧化顺序：分解压越大，氧化物就越稳定。(　　)
2. 冶炼初期 SiO_2 的分解压和自由能比碳、锰、磷的氧化物分解压和自由能高，所以硅极易被氧化。(　　)
3. 氧化熔炼过程中，氧势图中位于主金属氧势线下方的元素不能被氧化除去而留在金属相中。(　　)
4. 当温度低于570℃时，铁的氧化物的分解顺序是 $Fe_2O_3 \rightarrow FeO \rightarrow Fe$。(　　)

四、简答题

1. 试用氧势图求当100kPa时，C还原MnO(s)的开始温度为多少？
2. 生产钒铁合金时需要将钒氧化物中的钒还原出来，请思考哪些物质可以选做其还原剂？
3. 氧势图在火法冶金过程中有何应用？
4. 金属被氧化生成氧化物或其氧化物分解有何规律？
5. 什么是逐级转化原则？
6. 已知混合气体系统中氧气的分压 p_{O_2} 为1Pa，请简述确定温度为1673K时反应 $2CO + O_2 = 2CO_2$ 的 p_{CO}/p_{CO_2} 值的过程。

五、计算及分析题

1. 已知 $CaCO_3$ 生成反应的 $\Delta G^{\ominus} - T$ 二项式为 $\Delta G^{\ominus} = -170924.8 + 144.4T$(J/mol)，求标准

状态下 $CaCO_3$ 的开始分解温度和沸腾分解温度。

2. 已知：$2Fe(s) + O_2(g) = 2FeO(s)$，$\Delta G_1^{\ominus} = -519200 + 125T$ (J/mol)

$$\frac{3}{2}Fe(s) + O_2(g) = \frac{1}{2}Fe_3O_4(s), \quad \Delta G_2^{\ominus} = -545600 + 156.5T \text{ (J/mol)}$$

（1）当Fe(s)过量时，高温下FeO稳定还是 Fe_3O_4 稳定，两种氧化物共存的温度是多少?

（2）当1000K，$p_{O_2} = 1.103$kPa 时，是 FeO 稳定还是 Fe_3O_4 稳定?

3. 1400℃温度条件下，求：

（1）Al_2O_3 氧化物的平衡氧分压；

（2）CO 还原 Al_2O_3 氧化物所需的最低 p_{CO}/p_{CO_2} 比值；

（3）H_2 还原 Al_2O_3 氧化物所需的最低 p_{H_2}/p_{H_2O} 比值。

任务3.2 还原熔炼反应

知识目标：

（1）掌握氧化物的间接还原反应、直接还原反应、金属热还原反应原理；

（2）熟悉还原剂的种类和选择、氧化物还原的热力学条件；

（3）了解熔渣中氧化物的还原反应。

能力目标：

（1）会根据实际情况选择合适的还原剂；

（2）会根据热力学条件计算开始还原温度并控制反应条件；

（3）能根据还原原理控制实际冶金反应过程(如高炉炼铁过程、钒铁合金生产过程等)。

3.2.1 任务描述

金属元素在自然界很少以单质形态存在，大多以氧化物、硫化物、碳酸盐等化合物形式存在于矿物中。冶金过程的实质就是要把金属化合物中的金属，用某种还原剂把它还原出来，从而得到所需要的金属。还原过程是一个十分重要的冶金过程。如炼铁所用矿物及很多冶金中间产品主要是氧化物形态；有色金属矿物大多数是硫化物或氧化物；钛、锆、铪等金属的冶金中间产品为氯化物。还原反应在从这些矿物提取金属的过程中起着重要作用。本任务将以炼铁等冶炼生成过程为例介绍金属氧化物的还原原理，通过学习掌握如何根据还原原理控制实际冶金反应过程。

3.2.2 相关知识

在金属化合物的还原过程中，存在电子的得失，一种物质被氧化，同时另一种物质被还原，因此，还原熔炼过程也是氧化－还原过程。金属化合物还原过程通式可表示为：

$$MeA + X = Me + XA$$

式中 MeA——待还原的原料（A = O、Cl、S 等）；

Me——还原产品（金属、合金等）；

X——还原剂（C、CO、H_2、Me′）；

XA——还原剂的化合物（CO、CO_2、H_2O、Me′A）。

在选择还原剂 X 时需要遵循以下原则：

(1) X 对 A 的亲和力大于 Me 对 A 的亲和力。以氧化物的还原为例，要求 XO 氧势线位置低于 MeO 的氧势线；XO 的分解压应小于 MeO 的分解压；

(2) 还原产物 XA 易与产出的金属分离；

(3) 还原剂不污染产品，即还原剂不与金属产物形成合金或化合物；

(4) 最后是要考虑成本问题，价廉易得，从这个角度考虑碳是 MeO 的良好还原剂。

按照工业生产中所用还原剂种类的不同，将还原过程分为以下几种：

(1) 用气体还原剂，如 CO(或 H_2) 等作还原剂还原金属的方法，如在高炉炼铁。这种还原方法又被称为间接还原。

(2) 用固体 C（碳）作还原剂还原金属的方法，如高炉炼铁。这种还原方法又被称为直接还原。

(3) 用一种与氧亲和力强的金属作还原剂，如 Si、Al、Ca 等去还原另一种金属氧化物来制取不含碳的金属或合金的金属热还原法，如钙热法制锆，铝热法生产钒铁合金。

此外，还有不需要用到还原剂的冶炼方法，如电解熔盐制取金属的电解还原法（如电解法制铝）；热分解法制取金属的热分解法等。

现以铁的氧化物的还原过程为例来介绍还原原理。

3.2.2.1 间接还原

金属氧化物的间接还原指用 CO(或 H_2) 作还原剂还原金属的方法。从前面氧势图的分析可知，CO 和 H_2 的氧势线位置比较靠上，它们的还原能力并不强，许多氧势线非常高的氧化物都很难单独被 CO 和 H_2 还原，但它们依然是高炉炼铁的主要还原剂。因为气体还原剂的优点是在还原过程中气体易于向矿石中的缝隙内扩散，增大矿石与还原剂的接触面。当有 C 存在时，CO 的还原能力得到大的提高。

A CO、H_2 还原金属氧化物的热力学原理

用 CO 作为氧化物的还原剂时，反应的热力学式为：

$$2CO + O_2 = 2CO_2,\ \Delta_r G^{\ominus}_{m1},\ \Delta_r H^{\ominus}_{m1} = -563770\text{J/mol}$$

$$-)\ 2Me + O_2 = 2MeO,\ \Delta_r G^{\ominus}_{m2},\ \Delta_r H^{\ominus}_{m2}$$

$$MeO + CO = Me + CO_2$$

$$\Delta_r G^{\ominus}_{m3} = \frac{1}{2}\left(\Delta_r G^{\ominus}_{m1} - \Delta_r G^{\ominus}_{m2}\right)$$

$$\Delta_r H^{\ominus}_{m3} = \frac{1}{2}\left(\Delta_r H^{\ominus}_{m1} - \Delta_r H^{\ominus}_{m2}\right) = \frac{1}{2}\left(-563770 - \Delta_r H^{\ominus}_{m2}\right)$$

由上式可知，反应是放热还是吸热，取决于 $\Delta_r H^{\ominus}_{m2}$。对反应 $MO + CO = M + CO_2$ 的平衡常数可表示如下：

$$K^{\ominus} = \frac{a_M \cdot (p_{CO_2}/p^{\ominus})}{a_{MO} \cdot (p_{CO}/p^{\ominus})} = \frac{p_{CO_2}}{p_{CO}} = \frac{\varphi(CO_2)}{\varphi(CO)}$$

式中，以纯物质为标准态时 $a_{MO}=1, a_M=1$，而 $p_{CO}=\varphi(CO)p, p_{CO_2}=\varphi(CO_2)p$，在体系中只有 CO 和 CO_2 两种气体，则 $\varphi(CO)+\varphi(CO_2)=1$，因此还原反应的气相平衡成分与温度的关系为：

$$\varphi(CO)=\frac{1}{1+K^{\ominus}},\ \varphi(CO_2)=\frac{K^{\ominus}}{1+K^{\ominus}} \tag{3-2}$$

因此，可利用 $\Delta G^{\ominus}$ 的数据计算 $K^{\ominus}$，从而计算不同温度下的气相平衡成分 $\varphi(CO)$ 或 $\varphi(CO_2)$。

如图3-5所示，图中曲线为平衡气相成分与温度的关系曲线。曲线上的点是还原反应达到平衡的气相组成；曲线以上的区域内的点，还原反应正向进行，为氧化物的还原区，即M的稳定区；曲线以下区域内的点，还原反应逆向进行，为M的氧化区，即MO的稳定区。也就是说，对于还原反应，希望体系点落到M的稳定区，该区域越大越有利于还原反应的进行。

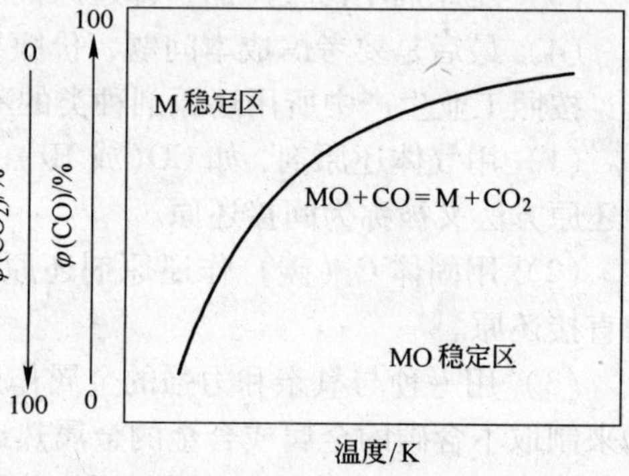

图3-5 CO还原MO的平衡图

利用等压方程，根据图3-5可确定温度对平衡移动的影响：随着温度的升高，吸热反应的 $K^{\ominus}$ 增大，从而 $\varphi(CO)_{平}$ 降低，所以平衡曲线向右下降；相反，随着温度的升高，放热反应的 $K^{\ominus}$ 减小，从而 $\varphi(CO)_{平}$ 增高，所以平衡曲线向右上升。

前面讨论的都是MO与M不互溶的情况，讨论可以纯物质标准态为基础。若MO及M互溶解或溶于其他物质（溶剂）内时，气相平衡成分不仅与温度有关，还与MO及M的溶解组成有关。此时，a_{MO} 和 a_M 均小于1，则有：

$$K^{\ominus}=\frac{a_M(p_{CO_2}/p^{\ominus})}{a_{MO}(p_{CO}/p^{\ominus})}=\frac{a_M}{a_{MO}}\times\frac{\varphi(CO_2)_{平}}{\varphi(CO)_{平}}\Rightarrow\frac{\varphi(CO_2)_{平}}{\varphi(CO)_{平}}=K^{\ominus}\times\frac{a_{MO}}{a_M}$$

由上式可见，随着反应的进行，MO的浓度在减小，而M的浓度在增加，从而使 $\varphi(CO)_{平}$ 增大。这就意味着MO就愈难还原。

以同样的方式分析用 H_2 作氧化物的还原剂的热力学原理，这里不再累述。

B CO还原铁的氧化物

氧化物的分解要遵循逐级转化原则，铁的最低价氧化物FeO的稳定存在温度是高于570℃，若低于570℃，FeO会分解为 Fe_3O_4 和Fe，则铁的氧化物的分解顺序为：

$t>570℃$ $\quad Fe_2O_3 \longrightarrow Fe_3O_4 \longrightarrow FeO \longrightarrow Fe$

$t<570℃$ $\quad Fe_2O_3 \longrightarrow Fe_3O_4 \longrightarrow Fe$

氧化物的还原顺序与分解顺序是相同的，从高级氧化物逐级还原成低级氧化物，最后获得金属，则CO还原铁的氧化物的顺序为：

$$t>570℃\begin{cases}3Fe_2O_3+CO = 2Fe_3O_4+CO_2 & \Delta G_1^{\ominus}=-52125-41T(J) \quad (1)\\ Fe_3O_4+CO = 3FeO+CO_2 & \Delta G_1^{\ominus}=40618-40T(J) \quad (2)\\ FeO+CO = Fe+CO_2 & \Delta G_1^{\ominus}=-17974+22T(J) \quad (3)\end{cases}$$

$$t<570℃\begin{cases}3Fe_2O_3+CO = 2Fe_3O_4+CO_2 & \Delta G_1^{\ominus}=-52125-41T(J) \quad (1)\\ \frac{1}{4}Fe_3O_4+CO = \frac{3}{4}Fe+CO_2 & \Delta G_1^{\ominus}=-9823+8.57T(J) \quad (4)\end{cases}$$

上述 CO 还原铁的各级氧化物的热力学关系是半经验公式，它们的平衡常数为：

$$K^{\ominus}=\frac{p_{CO_2}}{p_{CO}}=\frac{\varphi(CO_2)_{平}}{\varphi(CO)_{平}}\Rightarrow\varphi(CO)_{平}=\frac{1}{1+K^{\ominus}}=f(T) \qquad (3-3)$$

上式中，根据反应（1）、反应（2）、反应（3）、反应（4）各自的气相组成可分别确定它们各自的平衡常数。

根据 $\varphi(CO)_{平}=\frac{1}{1+K^{\ominus}}=f(T)$，可绘出标准压力下，不同温度下，CO 还原铁的各级氧化物的平衡图，如图 3-6 所示。平衡曲线（1）基本上与下横坐标重和，说明 Fe_2O_3 很容易被 CO 还原，只要有微量的 CO 即可还原 Fe_2O_3，反应（1）实际是不可逆的；反应（1）、（3）、（4）曲线向上，由前面的分析可知，反应（1）、（3）、（4）是放热反应；反应（2）的曲线向下，是吸热反应；曲线（2）、（3）、（4）交于 O 点，O 点自由度为 0，此点温度为 570℃，这点上 Fe_3O_4、FeO、Fe 三种固相平衡共存。

图 3-6 中，CO 还原铁的各级氧化物的平衡图被四条曲线划分为四个区域，分别为不同物质的稳定存在区。曲线（1）之下是 Fe_2O_3 的稳定存在区；曲线（1）、（2）、（4）之间是 Fe_3O_4 的稳定存在区；曲线（2）、（3）之间是 FeO 的稳定存在区；曲线（3）、（4）之上是 Fe 的稳定存在区。只有当一定温度下气相中 CO 的浓度 $\varphi(CO)$ 高于该温度下曲线上 CO 的平衡浓度 $\varphi(CO)_{平}$，由该曲线表示的还原反应才能实现。所以，根据平衡图可确定一定温度和 $\varphi(CO)$ 下，体系中发生的反应，以及最终稳定存在的物质。

可根据氧势图上氧分压标尺和 $\frac{p_{CO}}{p_{CO_2}}$ 专用标尺确定氧化物被 CO 还原的可能性及实现的条件。

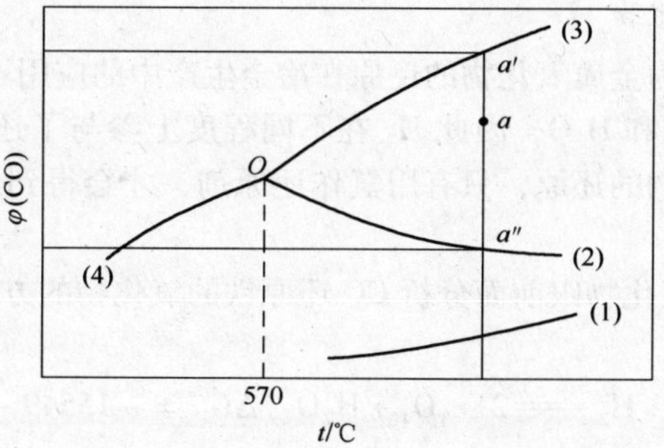

图 3-6　CO 还原铁的各级氧化物的平衡图

【例 3-2】 图 3-6 是 CO 还原 Fe 的各级氧化物平衡曲线图，请回答：

（1）写出各曲线的平衡反应；

（2）在图中 a 点体系中放入 Fe，保持 a 点体系的温度及气相组成不变，分析体系中将有哪些反应发生，最终存在的是何物？

解：(1) 曲线(1)：$3Fe_2O_3 + CO \xlongequal{} 2Fe_3O_4 + CO_2$

曲线(2)：$Fe_3O_4 + CO \xlongequal{} 3FeO + CO_2$

曲线(3)：$FeO + CO \xlongequal{} Fe + CO_2$

曲线(4)：$\frac{1}{4}Fe_3O_4 + CO \xlongequal{} \frac{3}{4}Fe + CO_2$

(2) 过 a 点做等温线，交曲线（3）于点 a'，交曲线（2）于点 a''，利用等温方程分析。

对于曲线(3)：$FeO + CO = Fe + CO_2$ 有：

$$\Delta G = -RT\ln\left(\frac{\varphi(CO_2)}{\varphi(CO)}\right)_{a'} + RT\ln\left(\frac{\varphi(CO_2)}{\varphi(CO)}\right)_a$$

因为 $\varphi(CO)_{a'} > \varphi(CO)_a; \varphi(CO_2)_{a'} < \varphi(CO_2)_a \Rightarrow \left(\frac{\varphi(CO_2)}{\varphi(CO)}\right)_a > \left(\frac{\varphi(CO_2)}{\varphi(CO)}\right)_{a'}$

所以 $\Delta G = -RT\ln\left(\frac{\varphi(CO_2)}{\varphi(CO)}\right)_{a'} + RT\ln\left(\frac{\varphi(CO_2)}{\varphi(CO)}\right)_a > 0$

因此，发生反应（3)的逆反应：$Fe + CO_2 \xlongequal{} FeO + CO$，Fe 被氧化为 FeO。

对于曲线(2)：$Fe_3O_4 + CO \xlongequal{} 3FeO + CO_2$ 有：

$$\Delta G = -RT\ln\left(\frac{\varphi(CO_2)}{\varphi(CO)}\right)_{a''} + RT\ln\left(\frac{\phi(CO_2)}{\varphi(CO)}\right)_a$$

因为 $\varphi(CO)_{a''} < \varphi(CO)_a; \varphi(CO_2)_{a''} > \varphi(CO_2)_a \Rightarrow \left(\frac{\varphi(CO_2)}{\varphi(CO)}\right)_a < \left(\frac{\varphi(CO_2)}{\varphi(CO)}\right)_{a''}$

所以 $\Delta G = -RT\ln\left(\frac{\varphi(CO_2)}{\varphi(CO)}\right)_{a''} + RT\ln\left(\frac{\varphi(CO_2)}{\varphi(CO)}\right)_a < 0$

因此，发生反应（2）的正反应：$Fe_3O_4 + CO = 3FeO + CO_2$，FeO 不会被进一步氧化为 Fe_3O_4。

所以体系最终稳定存在的固相物质是 FeO。

C H_2 还原铁的氧化物

氢的成本较高，作为金属氧化物的还原在冶金生产中的应用不如用 C 和 CO 的应用广泛。冶金炉气总含有 H_2 和 H_2O，因此 H_2 在不同程度上参与了还原反应。在某些特殊情况下，如钨、钼等氧化物的还原，只有用氢作还原剂，才会得到纯度高、且不含碳的钨、钼的粉末。

分析 H_2 还原铁的氧化物跟前面分析 CO 还原铁的氧化物的方法类似，则 H_2 还原铁的氧化物的顺序为：

$$t > 570℃\begin{cases} 3Fe_2O_3 + H_2 \xlongequal{} 2Fe_3O_4 + H_2O & \Delta G_1^\ominus = -15549 - 74.45T(J) \quad (1) \\ Fe_3O_4 + H_2 \xlongequal{} 3FeO + H_2O & \Delta G_1^\ominus = 71938 - 73.6T(J) \quad (2) \\ FeO + H_2 \xlongequal{} Fe + H_2O & \Delta G_1^\ominus = -13167 - 7.73T(J) \quad (3) \end{cases}$$

$$t < 570℃\begin{cases} 3Fe_2O_3 + H_2 \xlongequal{} 2Fe_3O_4 + H_2O & \Delta G_1^\ominus = -15549 - 74.45T(J) \quad (1) \\ \frac{1}{4}Fe_3O_4 + H_2 \xlongequal{} \frac{3}{4}Fe + H_2O & \Delta G_1^\ominus = -35530 - 30.39T(J) \quad (4) \end{cases}$$

上述 H_2 还原铁的各级氧化物的热力学关系是半经验公式，它们的平衡常数为：

$$K^{\ominus}=\frac{p_{H_2O}}{p_{H_2}}=\frac{\varphi(H_2O)_{平}}{\varphi(H_2)_{平}}\Rightarrow\varphi(H_2)_{平}=\frac{1}{1+K^{\ominus}}=f(T) \quad (3-4)$$

上式中，根据反应（1）、反应（2）、反应（3）、反应（4）各自的气相组成可分别确定它们各自的平衡常数。根据该关系可得到图 3－7 所示的 H_2 还原铁的各级氧化物的平衡图。图中除了反应（1）曲线外，其余反应（2）、反应（3）、反应（4）曲线都随温度的升高而向下，是吸热反应。与铁氧化物的 CO 还原过程不同，所有铁氧化物氢还原反应的 $\varphi(H_2)_{平}$ 随着温度升高而降低，即温度升高对四个还原反应均有利。

可根据氧势图上氧分压标尺和 $\frac{p_{H_2}}{p_{H_2O}}$ 专用标尺确定氧化物被 H_2 还原的可能性及实现的条件。

D　CO、H_2 还原能力的比较

图 3－8 所示为 CO 和 H_2 还原铁的氧化物平衡图，即将图 3－6 和图 3－7 重叠在一起。

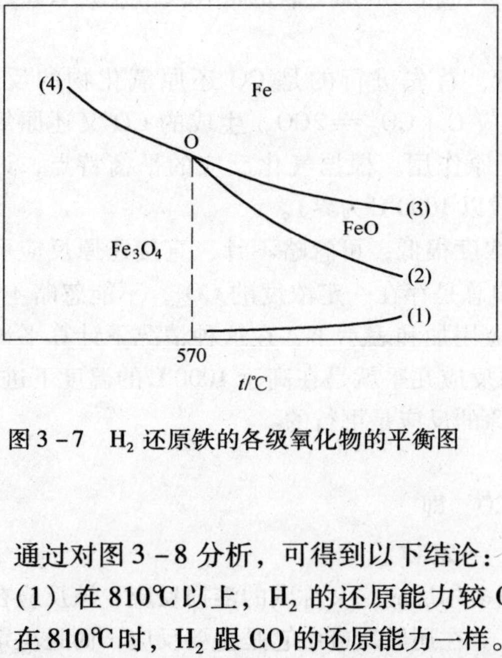

图 3－7　H_2 还原铁的各级氧化物的平衡图

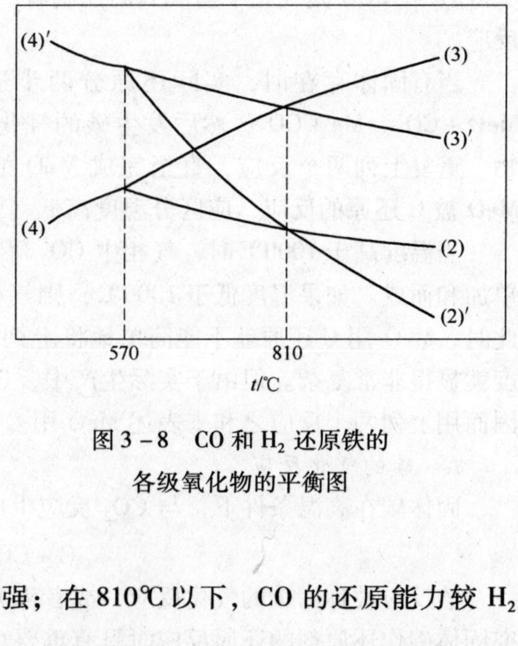

图 3－8　CO 和 H_2 还原铁的各级氧化物的平衡图

通过对图 3－8 分析，可得到以下结论：

（1）在 810℃以上，H_2 的还原能力较 CO 强；在 810℃以下，CO 的还原能力较 H_2 强；在 810℃时，H_2 跟 CO 的还原能力一样。

（2）FeO 的 CO 还原反应，有些是吸热的，有些是放热的；而 FeO 的 H_2 还原反应几乎都是吸热反应。

（3）H_2 在高温下具有较强的还原能力，且生成的 H_2O 较易除去；可以应用干燥的 H_2 实现那些用 CO 所不能完成的还原过程。如 1590℃时，H_2 可以缓慢地还原 SiO_2。

（4）用 H_2 作还原剂可以得到不含碳的金属产品；而用 CO 作还原剂常因渗碳作用而使金属含碳，如：$3Fe+2CO=Fe_3C+CO_2$。

此外，H_2 的扩散速率大于 CO，则用 H_2 代替 CO 作还原剂可以提高还原反应的速率。

通常，炼铁生产过程中，用 CO 作还原剂的还原反应主要在高炉内小于 800℃的区域进行；用 H_2 作还原剂的还原反应主要在高炉内 800～1100℃的区域进行。

3.2.2.2 直接还原

直接还原即用碳还原氧化物的还原过程。固体还原剂碳在还原过程中并不直接发挥还原作用，其还原作用是通过反应产生的还原气体来实现的。固体还原剂碳有煤、焦炭、无烟煤、石墨等。石墨是碳在自然界最稳定的存在形式，因此热力学计算中以石墨碳作为标准态。

由于矿石在炉内下降过程中，先进行间接还原，残留的铁氧化物主要以 FeO 形式存在，因此在高炉内具有实际意义的只有 $FeO + C = Fe + CO$ 的反应。由于固体碳与铁氧化物进行固相反应，接触面很小，直接进行反应受到很大限制，所以通常认为直接还原要通过气相进行反应，其反应通式为：

$$MeO + CO = Me + CO_2$$
$$+)\quad C + CO_2 = 2CO$$
$$\overline{\qquad MeO + C = Me + CO \qquad}$$

当固体碳存在并过剩时，体系中 $C + CO_2 = 2CO$ 反应的平衡成分控制气相组成，即 $C + CO_2 = 2CO$ 是气相平衡成分的控制者。间接还原反应加上碳的气化反应就是直接还原反应。

当有固体存在时，实际还原分两步进行，首先进行的是 CO 还原氧化物的反应：$MeO + CO = Me + CO_2$，然后发生碳的气化反应 $C + CO_2 = 2CO$，生成的 CO 又还原氧化物，重复上列两个反应，直至完成 MeO 的还原作用。根据气化反应的平衡特点，讨论 MeO 被 C 还原的反应，应区分温度高低（大致以 1000℃ 为界）。

当温度高于 1000℃时，气相中 CO_2 平衡浓度很低，可忽略不计，直接还原反应可简单加和而成。如果温度低于 1000℃，则气相中总是存在一定浓度的 CO_2，不能忽略不计，此时，MeO 用 C 还原就不能简单地将上列反应用加和表示了，在这种情况下计算平衡浓度就显得非常复杂。但由于实际生产中，还原反应几乎就是在高于 1000℃ 的温度下进行，因而用上列两个反应之和来表述 MeO 用 C 还原的反应是可行的。

A 碳的气化反应

固体碳在高温条件下，与 CO_2 反应生成 CO，即

$$C + CO_2 = 2CO$$

该反应被称为碳的气化反应，或者称为布多尔反应，又称碳的溶损反应，该反应在研究固体碳作还原剂的还原反应时具有重要意义。在还原反应中它是主要反应，而且决定了体系中气相平衡成分。气化反应为吸热反应，随着温度升高，其平衡常数增大，有利于反应向生成 CO 的方向迁移。低温下反应向逆方向进行，即歧化反应，或炭素沉积反应。

图 3-9 是 C-O 系平衡图，平衡曲线上的点表示反应 $C + CO_2 = 2CO$ 达到平衡。坐标平面被平衡曲线划分为两个区域：曲线之上的区域是碳的稳定区；曲线之下的区域是碳的气化区（即 CO 的稳定区）。分析图 3-9 可知：

（1）$t < 400$℃时，$\varphi(CO) \approx 0$，反应基本上不能进行；随着温度升高，$\varphi(CO)$ 变化不明显。

（2）$t = 400 \sim 1000$℃时，随着温度升高，$\varphi(CO)$ 明显增大。

（3）$t > 1000$℃时，$\varphi(CO) \approx 100$，反应进行得很完全，即在高温下，有碳存在时，气

相中几乎全部为 CO。

除了温度对气化反应有影响，总压对气化反应也有影响。由于碳的气化反应是气体摩尔数增加的反应，则增加体系的总压，不利于气化反应的顺利进行，如图 3－10 所示。

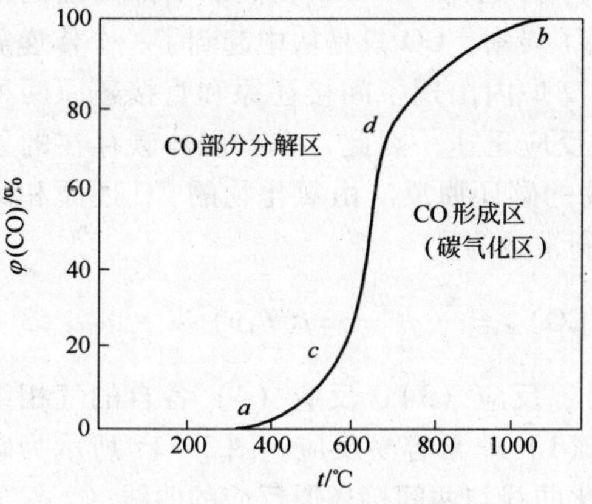

图 3－9　气化反应平衡图

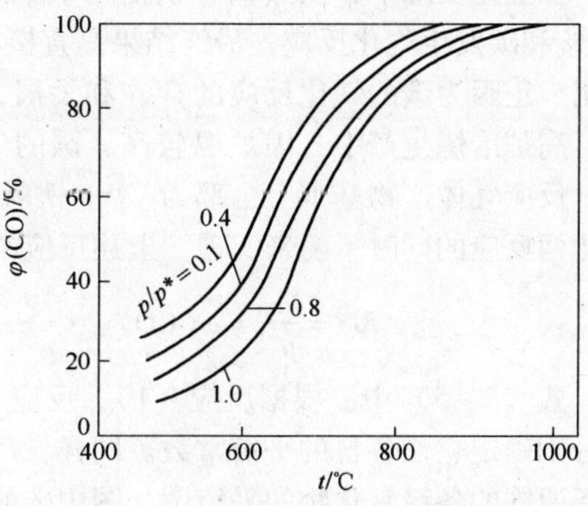

图 3－10　总压变化时气化反应的平衡图

通过对碳的气化反应的分析，可得到以下结论：

（1）碳的高价氧化物（CO_2）和低价氧化物（CO）的稳定性随温度而变。

（2）温度升高，CO 稳定性增大，而 CO_2 稳定性减小。

（3）在高温下，CO_2 能与碳反应生成 CO，而在低温下，CO 会发生歧化，生成 CO_2 和沉积炭。

（4）在高温下并有过剩碳存在时，燃烧的唯一产物是 CO。

（5）如存在过剩氧，燃烧产物将取决于温度；温度愈高，愈有利于 CO 的生成。

在碳作为还原剂的还原反应中，碳的气化反应决定着直接还原反应的产生和发展，因而也决定着直接还原和间接还原区域的划分。因此，用固体碳还原 MeO 氧化物时，可以将 CO 还原 MeO 的曲线和气化反应曲线联合起来进行分析，实际上直接还原反应等于间接还原反应与碳的气化反应相加和。

高炉内有过剩碳存在，最终的气相成分总要达到碳的气化反应平衡曲线上，必然对铁氧化物还原产生影响，使铁和铁氧化物的稳定存在区域发生变化。

碳的气化反应既影响着间接还原，又影响着直接还原。对直接还原的影响是使固体矿石与焦炭能很好地进行还原反应，从而促进了直接还原反应。对间接还原的影响是使间接还原反应转变为直接还原反应，改变了间接还原铁氧化物的稳定区域，使之成为以温度为界限的三个稳定区域，从而促进了直接还原反应。

B　碳还原铁的氧化物

目前高炉炼铁生产依然是以碳为主要的还原剂，下面以高炉炼铁生产为例分析直接还原反应。直接还原反应等于间接还原反应与碳的气化反应相加和，则直接还原反应为：

$$t>570℃\begin{cases}3Fe_2O_3+C=\!=\!=2Fe_3O_4+CO & \Delta G_1^{\ominus}=120000-218.46T(J) \quad (1)\\ Fe_3O_4+C=\!=\!=3FeO+CO & \Delta G_1^{\ominus}=207510-217.62T(J) \quad (2)\\ FeO+C=\!=\!=Fe+CO & \Delta G_1^{\ominus}=158970-160.25T(J) \quad (3)\end{cases}$$

$$t<570℃\begin{cases}3Fe_2O_3+CO=\!=\!=2Fe_3O_4+CO_2 & \Delta G_1^{\ominus}=120000-218.46T(\mathrm{J}) \quad (1)\\ \frac{1}{4}Fe_3O_4+CO=\!=\!=\frac{3}{4}Fe+CO_2 & \Delta G_1^{\ominus}=171100-174.5T(\mathrm{J}) \quad (4)\end{cases}$$

在上述反应中，虽然 FeO 仍是与 CO 反应，但气体产物 CO_2 在高炉下部高温区几乎 100% 和碳发生气化反应，最终结果是直接消耗了炭素，CO 只是从中起到了一个传递氧的作用。正因为碳的气化反应的存在和发展，使高炉内出现了间接还原和直接还原两种方式。高炉冶炼生产中，因炉温较高，碳的气化反应迅速，因此，在有固体碳存在的条件下，反应气体产物基本上全部为 CO。铁氧化物的碳还原反应由氧化物的 CO 还原和碳的气化两反应的同时平衡来实现。上述反应的平衡常数为：

$$K^{\ominus}=\frac{p_{CO}}{p^{\ominus}}=\varphi(CO)_{平}\cdot\frac{p}{p^{\ominus}}\Rightarrow\varphi(CO)_{平}=\frac{K^{\ominus}\cdot p^{\ominus}}{p}=f(T,p) \qquad (3-5)$$

式（3-5）中，根据反应（1）、反应（2）、反应（3）、反应（4）各自的气相组成可分别确定它们各自的平衡常数。同样，反应（1）非常容易反应。图 3-11 所示为碳直接还原铁的各级氧化物的平衡图，图中碳的气化曲线与两间接还原反应的曲线（2）、（3）分别交于 a、b 两点。a 点的坐标为（$\varphi(CO)\approx42$，$t\approx675℃$）是反应（2）的还原开始温度；b 点的坐标为（$\varphi(CO)\approx62$，$t\approx737℃$）是反应（3）的还原开始温度；但在 b 点的温度（737℃）以上，由于固体碳的存在，体系的 $\varphi(CO)$ 高于各级氧化铁间接反应的 $\varphi(CO)_{平}$，将发生 $Fe_2O_3\rightarrow Fe_3O_4\rightarrow FeO\rightarrow Fe$ 的转变。在 ab 之间，由于体系的 $\varphi(CO)$ 仅高于 Fe_3O_4 间接还原反应（2）的 $\varphi(CO)_{平}$，而低于 FeO 间接还原反应（3）的 $\varphi(CO)_{平}$，故将发生 $Fe_2O_3\rightarrow Fe_3O_4\rightarrow FeO$ 及 $Fe\rightarrow FeO$ 的转变。a 点以下，体系的 $\varphi(CO)$ 低于间接还原反应（3）及反应（2）的 $\varphi(CO)_{平}$，发生 $Fe_2O_3\rightarrow Fe_3O_4$ 及 $Fe\rightarrow FeO\rightarrow Fe_3O_4$ 的转变。所以当体系达到平衡时，a 点温度以下最终稳定的相是 Fe_3O_4，在 ab 点间的温度内是 FeO，而在 b 点温度以上最终稳定的是相 Fe。因此，从此两温度点做垂线，可将图面划分为 Fe_3O_4，FeO 及 Fe 的稳定存在区。图中 $t>t_b$ 的区域为 Fe 稳定区；$t_a<t<t_b$ 的区域为 FeO 稳定区；$t<t_a$ 的区域为 Fe_3O_4 稳定区。温度 t_a 为标准态下铁氧化物被固体碳还原成金属铁的开始还原温度。

由式（3-5）可知，直接还原过程除了受温度影响，还会受总压的影响。由图 3-10 和图 3-11 可知，总压降低，碳气化反应平衡向正方向移动，因此气化反应曲线左移，使铁稳定性扩大，开始还原温度降低，有利于还原反应的进行；反之则相反。因此，可以利用真空还原来降低还原的开始温度。

高炉内直接还原在低温部位几乎不进行，只在高温的炉腹部位以下进行一部分，而高炉内到处都可发生 CO 间接还原反应。如图 3-12 所示，直接还原一般在大于 1100℃ 的区域进行，800～1100℃ 区域为直接还原与间接还原同时存在区，低于 800℃ 的区域是间接还原区。间接还原占 70%～80%，直接还原占 20%～30%。

对高炉中的间接还原和直接还原进行比较发现：间接还原是以气体为还原剂，是一个可逆反应，还原剂不能全部利用，需要有一定过量的还原剂。直接还原与间接还原相反，由于反应生成物 CO 随煤气离开反应面，而高炉内存在大量焦炭，所以可以认为直接还原反应是不可逆反应，1mol 碳就可以夺取铁氧化物中 1mol 的氧原子，不需过量的还原剂。因此，从还原剂需要量角度看，直接还原比间接还原更能有利于降低焦比。间接还原大部

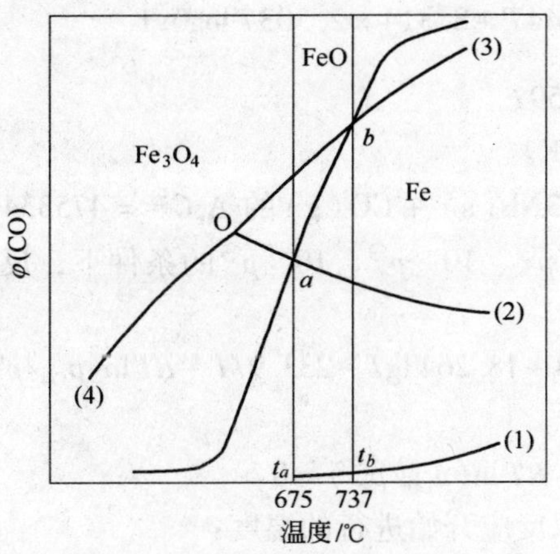

图 3－11　碳直接还原铁的各级氧化物的平衡图

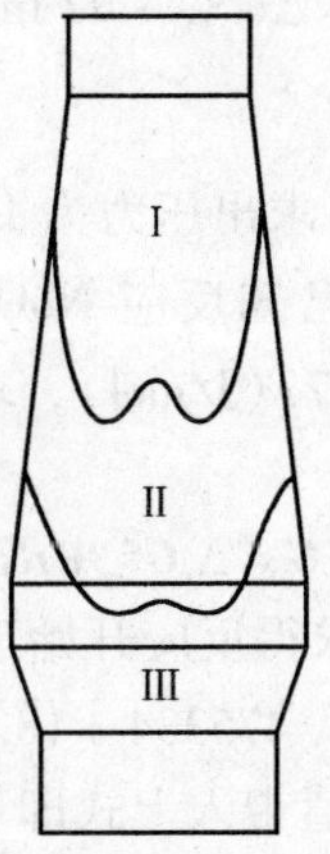

图 3－12　高炉中直接还原和间接还原区域分布

Ⅰ—低于 800℃区域；Ⅱ—800～1100℃区域；Ⅲ—高于 1100℃区域

分是放热反应，而直接还原是大量吸热的反应。由于高炉内热量收入主要来源于炭素燃烧，所以从热量的需要角度看，间接还原比直接还原更能有利于降低焦比。

C　开始还原温度的计算

一个还原反应的开始还原温度的确定，前面介绍了用氧势图来确定，即找出两条氧势线的交点，交点的温度即氧化－还原反应的转化温度，也就是还原反应开始进行的临界温度。而两条氧势线相交的交点处，反应达到平衡，即 $\Delta G=0$。因此，求交点处温度即求一定压力下，$\Delta G=0$ 时的温度。反过来，若知道反应的温度，同样的方法可求反应进行所需的压力。

【例 3－3】　用 C 还原 V_2O_3 时，若体系中 p_{CO} 控制在 10^5Pa 和 10^4Pa，还原温度至少应多高？

解：首先根据氧势图初步判断出还原温度高于 1273K，因而可按照两反应加和的还原反应计算：

$$\frac{1}{3}V_2O_3+CO = \frac{2}{3}V+CO_2 \quad \Delta G^{\ominus}_{(1)}=124097+8.03T(\mathrm{J}) \quad (1)$$

$$+)\quad CO_2+C = 2CO \quad \Delta G^{\ominus}_{(2)}=170707-174.47T(\mathrm{J}) \quad (2)$$

$$\frac{1}{3}V_2O_3+C = \frac{2}{3}V+CO \quad \Delta G^{\ominus}_{(3)}=294804-166.44T(\mathrm{J}) \quad (3)$$

反应（3）为 V_2O_3 被 C 还原的反应。

（1）当 $p_{CO}=10^5$Pa 时，符合标准状态，可用标准吉布斯自由能计算，令 $\Delta G^{\ominus}_{(3)}=0$，这时的温度为平衡温度，也就是最低还原温度：

$$\Delta G^{\ominus}_{(3)}=294804-166.44T_{还}=0$$

$$T_{还}=1771\mathrm{K}$$

（2）当 $p_{CO}=10^4$Pa 时，由等温方程式得：

$$\Delta G_{(3)} = \Delta G^{\ominus}_{(3)} + RT\ln\frac{p_{CO}}{p^{\ominus}} = 294804 - 166.44T + 8.314 \times 2.303T\log 0.1$$
$$= 294804 - 185.59T$$

令 $\Delta G_{(3)} = 0$，求出压力为 10^4Pa 时，$T_{还} = 1588$K。

【例 3-4】 已知反应 $NbO(s) + Nb_2C(s) = 3Nb(s) + CO(g)$ 的 $\Delta_r G^{\ominus} = 475334 + 18.26T\lg T - 233.97T$(J/mol)，求出 p_{CO}分别为 $10^{-1}p^{\ominus}$、$10^{-3}p^{\ominus}$、$10^{-5}p^{\ominus}$的条件下，反应开始进行的温度。

解：反应的 $\Delta_r G = \Delta_r G^{\ominus} + RT\ln(p_{CO}/p^{\ominus}) = 475334 + 18.26T\lg T - 233.97T + RT\ln(p_{CO}/p^{\ominus})$

令 $\Delta_r G = 0$，求得反应开始进行的温度：

则 $$475334 + 18.26T\lg T - 233.97T + RT\ln(p_{CO}/p^{\ominus}) = 0$$

分别将 p_{CO}的值带入上式即可得到相对应的还原反应开始进行的温度：

p_{CO}	$10^{-1}p^{\ominus}$	$10^{-3}p^{\ominus}$	$10^{-5}p^{\ominus}$
$T_{开始}$/K	2487	2056	1757

可见，随着 p_{CO}的降低，还原开始的温度显著降低。因此，对于这类用碳作还原剂的反应，利用真空还原降低总压是有利于反应进行的。真空碳还原法已成为还原活性金属钒、铌、钽等的氧化物以制取金属的工业方法之一。

3.2.2.3　金属热还原

前面也分析过，氧势图中 CO、H_2 的氧势线位置较高，作还原剂只能还原一部分氧化物；虽然用 C 作还原剂时，随温度的升高可以还原更多的氧化物，但高温受到能耗和耐火材料的限制，因而对于氧势图中位置低的稳定性很高的氧化物，只能用位置比其更低的廉价金属还原剂进行还原。另外，生产高级合金所用的金属原料不能含碳时，也只有采用金属还原剂，才能避免用碳还原时污染金属，除氧化物外，硫化物、氯化物等也可用金属还原剂来还原。如 Mg 还原 $TiCl_4$ 生成海绵钛，Al 还原 V_2O_3 生成钒铁合金。

将这种对氧（或氯、硫等）的化学亲和力大的金属去还原对氧（或氯、硫等）的化学亲和力小的金属化合物的过程称为金属热还原。其反应通式为：

$$MeO + X = Me + XO$$

式中，MeO 是某金属氧化物，还可以是氯化物、硫化物等；X 是金属还原剂。金属热还原过程大多是强放热反应，一般情况下，不外加热源；得到的产物不含碳或碳含量很低。金属热还原法广泛应用于稀有金属如钒、钛、锆及稀土金属的生产中。

A　还原剂的选择

金属热还原的实质是利用与氧（或氯、硫等）亲和力强的金属去还原和氧（或氯、硫等）亲和力弱的金属的氧化物，制取不含碳的纯金属或合金。常用的金属还原剂有 Ca、Na、Mg、Al、Si。在选择金属还原剂时，要遵循以下原则：

（1）还原剂和被还原金属生成化合物的标准吉布斯自由能及生成热应有足够大的差值，以便尽可能使反应放出的热足以加热反应物，并维持反应所需的高温而不需要外加热源，使反应继续进行下去。

（2）还原剂在被提取金属中的溶解度要小，也就是说，尽可能不相溶，容易相分离。

（3）所选用的还原剂在还原过程中形成的氧化物应易与被还原金属相分离。

（4）所形成的熔渣熔点要低，密度要小，便于金属和熔渣的分离。

（5）还原剂的纯度要高，杂质含量低，以免污染被还原金属。

（6）应尽量选择廉价易得的还原剂。

在金属热还原过程中，物料的发热量是值得注意的数据。所谓物料的发热量是指反应时每克物料所放出的热量。若发热量低于标准，则需外部供热。若发热量太高，则反应进行得非常激烈，无法控制，甚至引起爆炸，这样的物料便不能使用。现以锰的氧化物的铝热还原为例进行讨论。

$$MnO_2 + \frac{4}{3}Al = Mn + \frac{2}{3}Al_2O_3 \qquad \Delta H^{\ominus}_{298.15} = -582413J \tag{1}$$

$$\frac{1}{2}Mn_3O_4 + \frac{4}{3}Al = \frac{3}{2}Mn + \frac{2}{3}Al_2O_3 \qquad \Delta H^{\ominus}_{298.15} = -393087J \tag{2}$$

$$2MnO + \frac{4}{3}Al = 2Mn + \frac{2}{3}Al_2O_3 \qquad \Delta H^{\ominus}_{298.15} = -317984J \tag{3}$$

对于反应（1）：　$q_1 = 582413/122.9 = 4736.3J/g$

对于反应（2）：　$q_2 = 393087/150.4 = 2614J/g$

对于反应（3）：　$q_3 = 317984/177.8 = 1788.4J/g$

由计算结果可以看出，反应（3）需要外部供热，否则反应就不能继续进行；反应（2）最合适；而反应（1）发热量过高，反应将进行得非常激烈，不宜用铝热还原法进行 MnO_2 的还原。

B　压力对金属热还原的影响

在高温下，如果被还原金属（Me）成为气态时，则其氧化物（MeO）的 $\Delta G^{\ominus} - T$ 曲线将在沸点温度处开始向上转折，斜率加大，如图 3－13 所示。这样，即使在一般温度下氧化物生成吉布斯自由能比较大的金属（Me′）由于其斜率较小，也可在高温下用作还原剂还原前一种氧化物（MeO）。许多金属对氧的化学亲和力非常大，极不容易还原，要想使这些氧化物还原，办法之一在于提高还原温度。但是工业上的高温是不容易获得的，同时，在高温下金属也容易腐蚀。

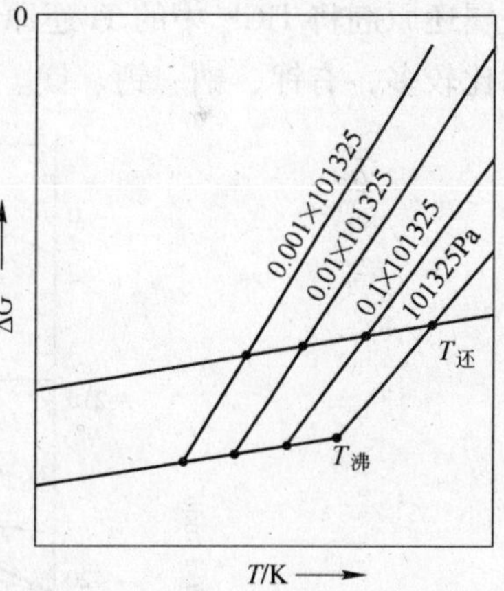

图 3－13　压力对最低还原温度的影响

前面讨论过，压力对有气体参与的还原过程的开始还原温度有影响。金属热还原中得到的金属通常是活泼金属，在火法冶金中容易以气相呈现，因此，改变生产压力可调整金属热还原的开始还原温度。因此可以采用真空方法降低体系中还原产物 Me 蒸气的分压，则可使最低还原温度降低。p_{Me} 愈低（真空度愈高），平衡温度愈低。

真空热还原多用于有色和稀有金属的生产。常有钠、钙、铝、硅等金属还原易挥发金属（主要是碱金属和碱土金属）的氧化物。

【例 3－5】　硅热法还原 MgO 时，压力由 10^5Pa 降低至 5Pa 时，最低还原温度降低多少？

解：由：$2MgO + Si \xlongequal{} 2Mg(g) + SiO_2$，$\Delta G^{\ominus} = 610864 - 258.57T(\text{J})$

当体系为 10^5Pa 时

$$T_{还} = \frac{610864}{258.57} = 2362.5\text{K}$$

当体系为 5Pa 时

$$\Delta G = 610864 + (258.57 + 2R\ln 10^5 - 2R\ln 5)T = 610864 + 423.27T$$

$$T_{还} = \frac{610864}{423.27} = 1443.2\text{K}$$

可见，采用真空还原可大大降低金属热还原的还原温度。

C　生产案例——镁热还原法生产海绵钛

生产海绵钛即将 Ti 从高钛渣、钛精矿中的 TiO_2 还原出来。TiO_2 是比较稳定的氧化物，要找到合适的还原方法及还原剂才能满足生产要求。从氧势图中可以看出，TiO_2 的氧势线位置在 CO、H_2 的氧势线之下，因此不能用 CO、H_2 作还原剂。若使用碳作还原剂，在敞开体系高温下，碳与 TiO_2 的反应是复杂的，反应的主要生成产物是 TiC 和低价钛氧化物，而不容易生成金属钛。在一定的温度和压力条件下（如 0.1MPa，2430℃或压力小于 1.3kPa，温度大于 1300℃），可以得到氧含量很低的纯 TiC。而钛对氧的亲和力非常大，直接用金属还原剂很难将 TiO_2 还原完全。

考虑到钛对卤素的亲和力远比氧小，容易把它的卤化物还原成金属钛。这里研究的最多的方法是 $TiCl_4$ 还原法。因此考虑利用氯化冶金将稳定的 TiO_2 转化成 $TiCl_4$，再用某种金属还原剂将 $TiCl_4$ 中的 Ti 还原出来。从图 3－14 可知，能满足 $\Delta G^{\ominus}_{MeCl_x} < \Delta G^{\ominus}_{TiCl_x}$ 的活性金属比较多，有钾、钠、钙、镁、锂、锰和钡等，它们都可把 $TiCl_4$ 还原成金属钛。还原

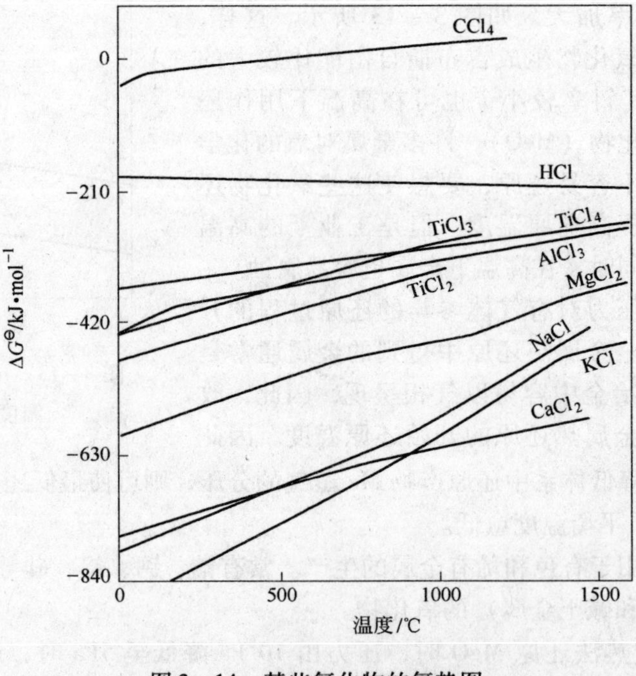

图 3－14　某些氯化物的氯势图

$TiCl_4$ 最佳的还原剂是 Mg 和 Na。体系中主要发生的反应为：

$$TiCl_4+2Mg═══Ti+2MgCl_2 \qquad \Delta G_T^{\ominus}=-231100+68T(987\sim1200K)$$

$$TiCl_4+Mg═══TiCl_2+MgCl_2 \qquad \Delta G_T^{\ominus}=-364000+148T(987\sim1200K)$$

$$TiCl_2+Mg═══Ti+MgCl_2 \qquad \Delta G_T^{\ominus}=-98200-11T(987\sim1200K)$$

从上述反应中可发现，镁还原反应的标准自由能都有很大的负值，说明各主要反应均能自发进行，而且自发进行的倾向性很大。从热力学观点看，这些反应温度越低，还原反应自发进行的倾向性越大。因此，镁热还原生产海绵钛在热力学上是可行的。

3.2.3 教学实施建议

本任务冶金生产实际结合得较紧密，授课中应结合高炉炼铁、海绵钛生产、钒铁合金生产等实际生产案例讲解，可以安排学生做相关的实验，加深还原原理的理解，重点训练利用原理调整还原过程条件（温度、压力）的能力。

3.2.4 思考与练习

一、填空题

1. ______________是利用与氧亲和力强的金属去还原与氧亲和力弱的金属的氧化物，制取不含碳的纯金属或合金的方法。
2. 反应 $MnO(s)+C(s)=Mn(s)+CO(g)$，$\Delta G^{\ominus}=268650-158.4T$（J/mol），在标准状态下能进行的最低温度为__________。
3. 反应 $FeO(s)+CO=Fe(s)+CO_2$，在 1100℃时的平衡常数为 0.333，则该温度时反应的标准吉布斯自由能为________(J)。保持温度不变，若将产物 CO_2 减少，其反应的平衡常数为________，若增加 CO_2 的量，其反应的平衡常数为________。降温到 1000℃时测得平衡常数为 0.351，则该反应为________热（填“吸”或“放”）。
4. 反应 $MnO(s)+C(s)=Mn(s)+CO(g)$，$\Delta G^{\ominus}=268650-158.4T$(J/mol)，在标准状态下能进行的最低温度为________ K。该反应为________热反应（填“吸”或“放”）。当 $T=991K$，总压为 101325Pa 时，该反应________（填“能”或“否”）向正方向进行；在 991K 时，若要该反应达到化学平衡的状态，其气相总压应为________ Pa；若气相的 CO 分压为 2×10^5Pa，则开始还原温度为________。
5. 镁还原反应是________反应（放热或吸热）。
6. 物料发热量是指____________________。

二、判断题

1. 金属热还原是利用与氧亲和力强的金属去还原与氧亲和力弱的金属的氧化物，制取不含碳的纯金属或合金。（ ）
2. 体系中平衡的 CO 与 CO_2 含量，由碳的气化反应决定。（ ）
3. 当温度低于 570℃时，铁的氧化物的分解顺序是 $Fe_2O_3\rightarrow FeO\rightarrow Fe$。（ ）
4. 高炉内直接还原在低温部位几乎不进行，而高炉内到处可发生 CO 间接还原。（ ）
5. 碳还原铁的各级氧化物的还原反应中，若升高总压，则有利于还原反应的进行。（ ）

三、选择题

1. 高炉冶炼气体还原剂为（　　）。

A. CO、CO_2　　B. N_2、Ar_2　　C. CO、H_2

2. 当温度高于 570℃时，铁的氧化物的分解顺序是（　　）。

A. $Fe_3O_4 \rightarrow Fe_2O_3 \rightarrow FeO \rightarrow Fe$　　B. $Fe_2O_3 \rightarrow FeO \rightarrow Fe_3O_4 \rightarrow Fe$

C. $Fe_2O_3 \rightarrow Fe_3O_4 \rightarrow FeO \rightarrow Fe$

3. 碳还原铁的各级氧化物的还原反应中，若降低总压，则对总反应的影响是（　　）。

A. 有利　　B. 不利　　C. 无影响

四、简答题

1. 简述什么是直接还原、间接还原、金属热还原。
2. 试比较 H_2 和 CO 对铁的氧化物的还原能力。
3. 如何选择金属热还原的还原剂?
4. 金属热还原的特点是什么?
5. 试解释为何海绵钛的生产要用金属热还原的方法。

五、计算及分析题

1. 已知：$2C_{(石)} + O_2 = 2CO$，$\Delta G^{\ominus} = -228800 - 171.54T$(J/mol)

$[Si] + O_2 = SiO_2(s)$，$\Delta G^{\ominus} = -814850 + 215.25T$(J/mol)

若反应为 $SiO_2(s) + 2C_{(石)} = [Si] + 2CO(g)$，铁液中硅的活度为 0.1（质量 1%溶液标准态），体系总压为 10^5Pa，试计算开始反应的温度。

2. 计算 1200℃时，CO 及 H_2 分别还原 Fe_2O_3、Fe_3O_4、FeO 的气相平衡成分。

3. 已知碳还原 FeO 反应的 $\Delta_r G_m^{\ominus} = 158970 - 160.25T$(J/mol)，若体系中 p_{CO}控制在 10^5Pa，(FeO)、[C]、[Fe] 活度为 1，试求出反应开始进行的温度。

4. 已知 $\Delta_r G^{\ominus} = 610864 - 258.57T$(J/mol)，用硅还原 MgO 制取金属镁的反应为：$Si(s) + 2MgO(s) = SiO_2(s) + 2Mg(g)$。

（1）设镁处于气体状态，求还原反应的起始温度（最低温度）与镁分压的关系；

（2）分别在 $p_{Mg} = p^{\ominus}$ 和 $p_{Mg} = 10^{-4}p^{\ominus}$ 条件下，求还原反应进行的最低温度；

（3）当还原温度为 1300℃，求应保持的真空度。

5. 已知 $\Delta_r G^{\ominus} = 659984 - 288.75T$(J/mol)，利用铝在真空下还原氧化钙，其反应为：$6CaO(s) + 2Al(l) = 3Ca(g) + 3CaO \cdot Al_2O_3(s)$。

（1）如使反应能在 1200℃进行，需要多大的真空度?

（2）如采用 10Pa 的真空度，求 CaO 被 Al 还原的开始温度。

任务 3.3　氧化熔炼反应

知识目标：

（1）掌握冶炼过程中各元素与氧及其他氧化剂的反应原理和条件；

（2）熟悉氧化熔炼反应的热力学条件；脱硫和脱磷的基本反应和条件；

(3) 了解锰、硅、铬、钒的氧化反应，吸气及脱气反应。

能力目标：

(1) 会根据氧化原理解释冶金生产过程中氧化过程的控制因素；
(2) 根据氧化原理控制实际冶金反应过程（如转炉炼钢过程、钒渣生产过程等）。

3.3.1 任务描述

氧化-还原反应贯穿于火法冶金过程始终，还原过程是将所要金属元素从化合物中提取出来得到粗金属；而氧化过程向熔池吹氧或加入矿石或其他氧化剂将粗金属中的杂质氧化而与金属相分离。因而氧化过程是粗金属精炼的过程，属于火法精炼的一种。氧化熔炼在冶金中的应用较多，如转炉炼钢生产、钒渣的生产、铜的精炼等。本任务将以转炉炼钢生产为例介绍氧化熔炼反应的热力学条件，决定反应进行的重要因素，以及控制氧化熔炼过程的方法。

3.3.2 相关知识

3.3.2.1 氧化熔炼基础

由矿石或精矿经火法冶炼得到的粗金属，其中所含的杂质对金属的使用性能有不利影响必须除去，而且杂质中有较高的经济价值的有价元素（如稀贵金属等）必须加以回收利用。因此，大多数粗金属都要进行精炼。如含钒铁水中含有0.18%~0.33%的钒；粗铜含有各种杂质和金银等贵金属，其总量可达0.5%~2%；鼓风炉还原熔炼所得的粗铅含有1%~4%的杂质和金银等贵金属。

A 概念

所谓氧化熔炼就是在氧化剂的作用下，使粗金属中超过产品允许含量的杂质元素通过氧化作用分离除去的过程。其反应通式为：

$$MeO + A === Me + AO$$

式中 Me——主体金属；

A——主体金属中溶解的杂质。

这个反应只是熔池中氧化反应的一种，具体反应类型下面将进行讨论。

氧化熔炼的基本原理是基于不同元素对氧的亲和力不同，使杂质氧化生成不溶于（或溶解度较小）主体金属的氧化物，或以渣的形式聚集于熔体表面（如杂质硅以 SiO_2 入渣），或以气态的形式挥发而被除去（如杂质碳氧化为CO）。

如果杂质生成非气态氧化物AO与主体金属Me的密度差很小，上浮分离困难，则用氧化精炼的方法除去这样的杂质是很困难的，或者说是不可能的。若AO与Me的密度差很大，则容易分离除去，该杂质非常适宜用氧化熔炼除去。

B 氧化反应的类型

常用于氧化熔炼反应的氧化剂有氧气、富氧空气、含氧的气体、铁矿石等。而在熔池中真正起到氧化作用的是吹入熔池的氧气 O_2、溶解于金属液中的氧原子［O］、渣中能提供氧的氧化物（如FeO）。因此，根据参与反应的氧化剂的不同，将氧化反应分为两类：

(1) 直接氧化。

吹入熔池的氧气直接与各元素发生的反应，即：

$$2[A] + O_2 = 2AO \tag{3-6}$$

其中 AO 可能熔于熔渣中，或者为独立的固相如非金属夹杂物。这种反应机制的概率很小，主要为铁元素的氧化。

(2) 间接氧化。

间接氧化有两种情况：

1) 主金属 Me 首先被氧化成 MeO，MeO 进而与金属液中的元素［A］发生反应（或进入熔渣后与杂质反应），即：

$$[A] + (MeO) = (AO) + [Me] \tag{3-7}$$

2) 元素［A］与溶解在金属液中的［O］发生反应，即：

$$[A] + [O] = (AO) \tag{3-8}$$

可见渣中有大量的氧化铁，a_{FeO}足够高，渣供给金属液的 O 就越多，则金属液中元素［A］被氧化的就越多。氧化过程如图 3-15 所示。

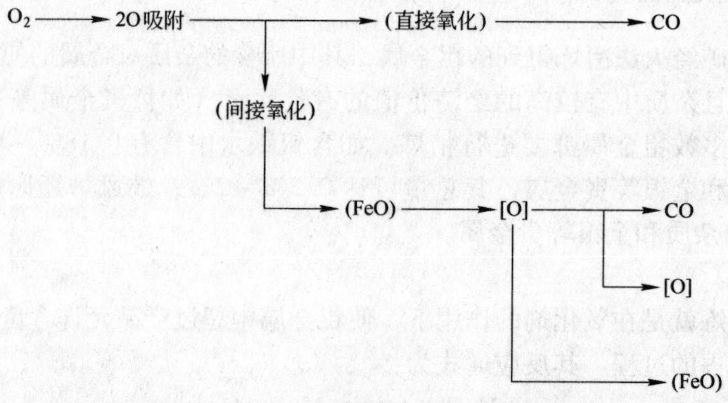

图 3-15　铁液中元素被氧化的示意图

C　铁液中溶解元素的氧势图分析

如图 3-16 所示，在给定的标准状态下，氧势线位于主金属氧化物的氧势线以下的元素，都能被主金属氧化物氧化，如铁液中的杂质 Al、V、Ti、Mn、Si 等。氧势线位于主金属氧化物的氧势线以上的元素，在氧化熔炼时将不能除去，如钢液中 Cu、Ni、W、Mo 等合金元素不会氧化。

在生成的氧化物均为纯物质（活度为 1）的情况下，铁液中氧势线线位置愈低的元素愈易被氧化除去。当有多种杂质同时存在时，则位置低者将优先氧化；例如，在铁液中硅将比铬优先氧化。

在炼钢条件下，氧势图中位于 Fe-FeO 氧势线上方的元素不能除去，会残留在金属相中，如 Cu、Ni、Co、Sn、Mo、W、As、Sb 等。氧势图中位于 Fe-FeO 氧势线下方的元素可以容易地除去进入渣相中，如 B、Al、Si、Ti、V、Zr 等。氧势图中位于 Fe-FeO 氧势线附近的元素会分配在渣-金属两相中，如 P、S、Mn、Cr 等。

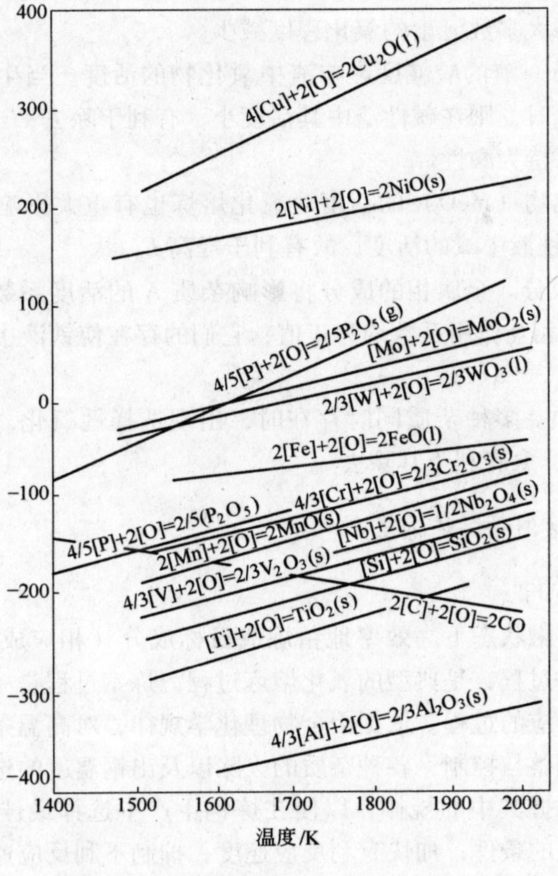

图 3-16　铁液中溶解元素的氧势图

某些氧势线发生交叉。交叉点正是选择氧化的临界点。例如，当温度超过 1361℃，钒比碳优先氧化——脱钒保碳。

实践中可采取措施改变反应物或生成物的活度。例如，标准状态下，单纯利用（FeO）的氧化作用，不可能去除杂质磷。若造碱性渣，使生成的 P_2O_5 发生反应：$P_2O_5 + CaO = CaO \cdot P_2O_5$，降低 P_2O_5 的活度，则可在炼钢过程中脱除部分磷。

D　影响氧化除杂效果的因素

以炼钢熔池中间接氧化为例对影响氧化过程的热力学因素进行讨论。对间接氧化反应：$[A] + (MeO) = (AO) + [Me]$，由等温方程可得到反应的 $\Delta_r G$：

$$\Delta_r G = \Delta_r G^{\ominus} + RT\ln J^{\ominus} = \Delta_r G^{\ominus} + RT\ln \frac{a_{[Me]} \cdot x_{(AO)}}{a_{(MeO)} \cdot a_{[A]}}$$

考虑金属液中杂质元素［A］的浓度非常低，以纯物质标准态，则 $\gamma_{[A]} = 1$，$a_{Me} = 1$。带入上式有：

$$K^{\ominus} = \frac{\%(AO) \cdot \gamma_{(AO)}}{(\%[A] \cdot f_{[A]}) \cdot [\%(MeO) \cdot \gamma_{(MeO)}]} \Rightarrow L_A = K^{\ominus} \frac{f_{[A]} \cdot [\%(MeO) \cdot \gamma_{(MeO)}]}{\gamma_{(AO)}} \tag{3-9}$$

式（3-9）是元素 A 的分配系数，对该式进行分析可以总结出影响氧化熔炼过程除杂效果的因素包括：

（1）温度。由于大多数元素的氧化过程为放热过程，$K^{\ominus}$随温度的升高而减小。因此升高温度可使除碳外大多数元素的氧化程度减少。

（2）熔渣的成分。渣的酸碱度影响渣中氧化物的活度。当生成的杂质氧化物为酸性（如SiO_2、P_2O_5等）时，则在碱性渣中其活度小，有利于除去；当杂质氧化产物为碱性氧化物时，则炉渣应保持为酸性。

渣中主金属氧化物（MeO）的活度对氧化熔炼也有重大影响。如炼钢时提高铁液中a_{FeO}，相应地提高了铁液中氧的活度，故有利于提高L_A。

（3）金属相的成分。金属相的成分将影响杂质A的活度系数$f_{[A]}$。如铁液中C、Si、P、Al等对硫活度的相互作用系数均为正值，它们的存在使铁液中硫的活度系数增大，有利于脱硫。

（4）杂质的性质。多种杂质同时存在时，出现选择性氧化，杂质A氧化反应的ΔG愈负，则$K^{\ominus}$值愈大，愈有利于其除去。

3.3.2.2　生产案例——炼钢生产

A　炼钢的基础知识

炼钢过程是在熔融状态下高效率地精炼成目标成分（相应成品钢种的规格范围）和达到目标温度的钢的过程，是典型的氧化熔炼过程。炼钢过程是一个在高温条件下，多相进行剧烈物理化学反应的过程。依据冶金物理化学规律，对高温条件下的炼钢过程如炉渣碱度，熔池温度的调整与控制，各种杂质的去除以及出钢温度的选择，钢液成分的确定等进行研究，认识和掌握其中的规律，以便在炼钢生产中选择最佳炼钢工艺，进行合理操作，进而创造最适宜的条件，加快有利反应速度，抑制不利反应速度，缩短冶炼周期，提高钢产量和质量。

炼钢过程的实质是氧化去除杂质的过程，化学反应主要在熔渣-金属液间界面进行。其主要任务是：使碳降低到钢种所需的碳量，但碳氧化之前，硅锰都大量氧化；将熔池中的有害杂质硫和磷氧化，降低到所炼钢种规格范围内；把熔炼过程中进入钢液的有害气体（氢和氮）及非金属杂质（氧化物、硫化物、硅酸盐等）去除，以免造成浇注时二次沸腾及钢锭疏松、皮下气泡等缺陷；把熔炼过程中产生的过量的氧从钢液中排除掉；加入合金元素；根据熔炼工艺的需要适时提高和调整钢液温度到出钢温度；现代炼钢生产的最后一步是将熔炼好的合格钢液浇注成一定尺寸和形状的钢锭和连铸坯。

炼钢操作分为碱性操作和酸性操作。碱性操作指炉内耐火材料使用MgO或者白云石（MgO · CaO）等碱性耐火材料，造渣剂使用石灰（CaO），渣碱度为1~4的操作；酸性操作指炉内耐火材料使用SiO_2耐火物，造渣剂使用锰矿石或者SiO_2，渣碱度小于1的操作。但酸性操作不利于脱硫和脱磷反应的进行，因此通常炼钢过程采用的是碱性操作。

大规模炼钢法有转炉炼钢法、电炉炼钢法、平炉炼钢法。其中，转炉炼钢法因其设备简单、投资少、见效快、生产周期短、生产效率高，应用最为广泛，如图3-17所示。

不论是哪种炼钢方法，其氧化原理是类似的。下面将以转炉炼钢为例介绍炼钢过程的基本反应。

B　铁的氧化

在炼钢过程中，氧供入金属熔池后，元素随即开始氧化。由于各元素与氧的亲和力不同，与氧亲和力强的元素可以夺取更多的氧，优先被氧化；反之，与氧亲和力弱的元素则夺得较少的氧，它的氧化就慢些。这使得熔池元素的氧化具有先后顺序。虽然从氧势图上看，铁与氧的亲和力小于 Si、Mn、P 与氧的亲和力，但由于金属液中铁的浓度最大，质量分数为 90% 以上，所以铁最先被氧化，生成大量的 FeO，并通过 FeO 为钢液中其他杂质元素提供氧。

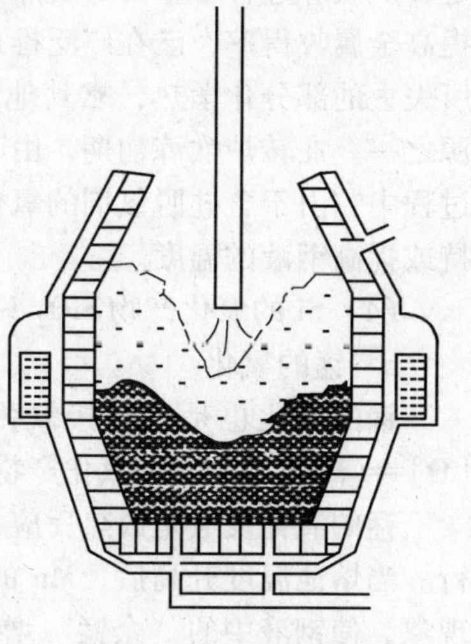

图 3－17　氧气顶吹转炉

铁的氧化反应是其他元素进行氧化反应的基础，其氧化方式包括直接氧化和间接氧化两种。

铁的直接氧化是钢液中的 Fe 元素直接和氧分子接触而被氧化的反应，是放热反应，即 $2[Fe]+O_2 = 2[FeO]$。铁的间接氧化是钢液中的 Fe 元素跟溶解到钢液中的 [O] 原子或与 (FeO) 接触而被氧化的反应，如 $[Fe]+[O] = (FeO)$，是放热反应。

铁被氧化后，其反应产物 FeO 一部分进入炉渣，一部分继续存留在金属液中，并在渣－金之间建立动态平衡 $[FeO] = (FeO)$，它应服从分配定律，即 $L = w_{(FeO)}/w_{[FeO]}$。

前面讲到，铁的氧化物的氧化顺序遵循逐级转化原则：$Fe \rightarrow FeO \rightarrow Fe_3O_4 \rightarrow Fe_2O_3$。在炼钢温度和气相氧分压的条件下，FeO 和 Fe_2O_3 都是稳定的，而 FeO 的稳定性更强。在炼钢炉渣中，铁的氧化物以 FeO 为主。氧气顶吹转炉内，渣中的 $w_{(Fe_2O_3)}/w_{(FeO)}$ 之比在 0.3～1.5 之间。

C　硅、锰的氧化

在转炉中，因 Si、Mn 与氧的亲和力较强，在冶炼初期大量被氧化，使熔池温度迅速上升，为中后期碳的迅速氧化提供了有利条件，同时也对炉渣的碱度和流动性等产生了较大的影响。

a　硅的氧化

在碱性炼钢法中，Si 的氧化对成渣过程、炉衬的侵蚀等都有重要的影响。理论上 Si 的氧化反应也有直接氧化和间接氧化之分，但实际上，金属液中的 Si、Mn 元素很难直接与气态氧反应，所以金属液中 Si、Mn、P 元素的氧化均以间接氧化反应为主。炉气中氧分压越高，越有利于硅的氧化。

硅的氧化的主要特点包括：

(1) 由于 Si 与氧的亲和力很强，所以在冶炼初期，金属液中的 Si 便已基本氧化完毕。如转炉吹氧 3min 后，Si 基本上全被氧化。同时，由于 Si 的氧化产物 SiO_2，在炉渣中完全被碱性氧化物如 CaO 等结合，无法被还原出来，因此硅的氧化是十分完全彻底的，最后只有微量的硅残留在钢液中。

(2) Si 的氧化反应以间接氧化反应为主。如 $[Si]+2(FeO) = (SiO_2)+2[Fe]$，$[Si]+2[O] = (SiO_2)$。

(3) 硅的氧化反应是一个强烈的放热反应，低温有利于 Si 氧化反应的迅速进行。Si

是转炉吹炼过程中重要的发热元素。目前在转炉生产中，为了减少渣量，降低热损失，并提高金属收得率，已在广泛推广使用低 Si 铁水（［Si］小于 0.3%），由降低铁水［Si］所失去的部分化学热，靠其他方法来解决，如提高铁水温度等。Si 氧化是炼钢的主要热源之一。在转炉吹炼初期，由于硅大量氧化，熔池温度升高，进入碳氧化期。在钢液脱氧过程中，由于含硅脱氧剂的氧化，可补偿一些钢包的散热损失。总之，硅的氧化有利于保持或提高钢液的温度。

(4) Si 的氧化产物 SiO_2 只熔于炉渣，不溶于钢液。

b 锰的氧化

锰的氧化也是以间接氧化反应为主。如［Mn］+（FeO）═（MnO）+［Fe］,［Mn］+［O］═(MnO)。Mn 的氧化产物 MnO 只熔于炉渣，不溶于钢液。

锰的氧化反应是放热反应，低温有利于 Mn 的氧化，故 Mn 的氧化主要在冶炼前期进行。当熔池温度升高后，Mn 的氧化反应会逆向进行，发生 Mn 的还原，即产生"回锰"现象，使钢液中的"余锰"增加。炉渣碱度越高，熔池的温度越高，"回锰"的程度也越高。如图 3－18 所示。

由于氧化产物 MnO 是碱性氧化物，故碱性渣中不利于 Mn 的氧化，因此 Mn 不可能向 Si 那样完全被氧化。

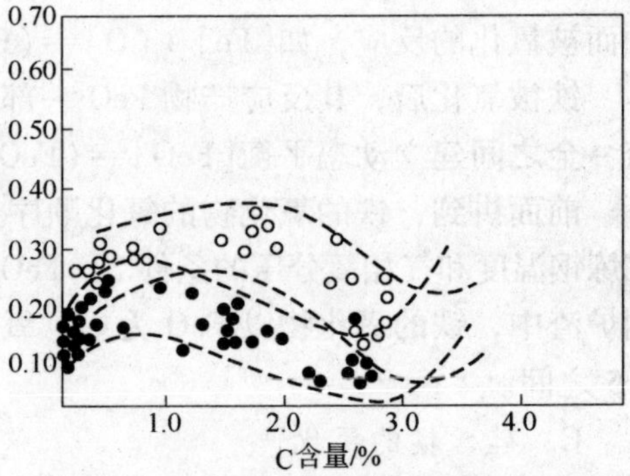

图 3－18 吹炼过程中 Mn 含量的变化
●—低碳钢；○—高碳钢

D 碳的氧化

碳的氧化反应是炼钢过程中最重要的反应，它是完成诸多炼钢任务的重要手段。

a 碳氧反应在炼钢过程中的作用

炼钢过程中碳氧反应的首要任务是把钢液中的碳含量氧化降低到所炼钢种的规格内。

碳的氧化反应放出大量的热，是氧气转炉炼钢的重要热源。同时，由于 CO 气泡的大量产生，使转炉内产生大量的泡沫渣，增加了钢－渣接触面积，有助于反应速度的提高。当因排出 CO 气体不均匀性并因此造成熔池的上涨，是产生喷溅的原因。

碳氧反应时产生大量的 CO 气泡，这些气泡从钢液中排出时，对熔池有一种强烈的搅拌作用，它均匀了钢液的成分和温度，改善了各种化学反应的动力学条件，有利于炼钢中各种化学反应的进行。

碳氧反应产物 CO 气泡，对于钢液中的 N、H 相当于一个小真空室，钢液中的气体很容易扩散到这些上浮的 CO 气泡中，并随之排除到大气之中，所以脱碳反应是去除钢中气体所必需的手段之一。

非金属夹杂物上浮的速度主要取决于非金属夹杂物的大小。碳氧反应对熔池的搅拌作用促进了非金属夹杂物的碰撞长大，从而显著地提高了上浮速度。另外，CO 气泡表面也可黏附一部分非金属夹杂物使其上浮入渣。所以，碳氧反应是去除钢中夹杂物所必需的手段之一。

氧气顶吹转炉生产低碳钢时，当熔池中碳含量低于一定数值后，脱碳速度将随碳含量的降低而减少，脱碳反应是决定转炉生产率的重要因素。

b 碳的氧化反应

（1）氧气流股与金属液间的碳氧反应：

$$[C]+\frac{1}{2}\{O_2\}\!=\!=\!=\{CO\} \qquad \Delta_r H_m^{\ominus}=+136000\text{J/mol}$$

该反应放出大量的热，是转炉炼钢的重要热源。在转炉炼钢的氧流冲击区及电炉、平炉炼钢采用氧管插入钢液吹氧脱碳时，氧气流股直接作用于钢液，均会发生此类反应。脱碳示意图如图 3－19 所示。流股中的气体氧 $\{O_2\}$ 与钢液中的碳原子 $[C]$ 直接接触，反应生成气体产物一氧化碳 $\{CO\}$，脱碳速度受供氧强度的直接影响，供氧强度越大，脱碳速度越快。

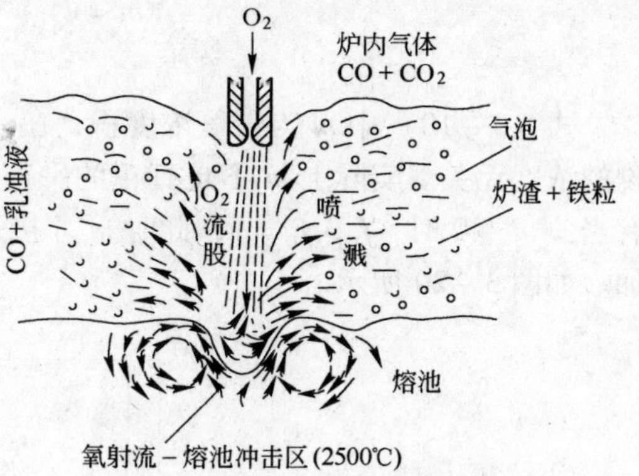

图 3－19 氧气顶吹转炉氧射流与熔池作用示意图

（2）金属熔池内部的碳氧反应。碳同金属中溶解的氧发生反应而氧化除去，反应式为：

$$[C]+[O]\!=\!=\!=\{CO\}$$

$$[C]+2[O]\!=\!=\!=\{CO_2\}$$

通常熔池内部的碳氧反应以生成 CO 气体为主，这是因为熔池中碳含量高时，CO_2 也是碳的氧化剂，发生下列反应：

$$[C]+\{CO_2\}\!=\!=\!=2\{CO\}$$

通过研究发现，在含碳相同的情况下气相中 CO_2 含量将随温度升高而降低，在同一温度下又随碳的增加而降低。在炼钢温度下，只有当碳含量低于 0.1% 时，气相中 CO_2 才能达到 1% 以上，因此在炼钢熔池中碳的氧化产物绝大多数为 CO。

（3）金属液与渣－液界面的碳氧反应。在转炉泡沫渣和采用矿石脱碳的电炉渣内均含有大量的（FeO），所谓泡沫渣是转炉炼钢吹氧脱碳时钢液－熔渣－炉气三相物质混合乳化而形成的乳浊液。在泡沫渣中，钢液被粉碎成很细小的小液滴，使钢－渣的接触面积大大增加，这是泡沫渣中脱碳速度很快的原因。

渣中的（FeO）通过渣－金接触界面向钢液中扩散，然后与钢液中的碳原子反应生成一氧化碳气体。反应式如下：

$$[C]+[FeO]\!=\!=\!=\{CO\}+[Fe]$$

c 碳氧浓度积

碳在钢液中进行反应 $[C]+[O]=\{CO\}$ 时，反应的平衡常数为：

$$K^{\ominus}=\frac{p_{CO}/p^{\ominus}}{a_{[C]}a_{[O]}}=\frac{p_{CO}/p^{\ominus}}{f_c\cdot f_o\cdot w_{[C]}\cdot w_{[O]}}$$

取 p_{CO} 为一个大气压，当碳含量低时，f_C 和 f_O 近似为 1，则上式可简化为：

$$K^{\ominus}=\frac{p_{CO}/p^{\ominus}}{a_{[C]}a_{[O]}}=\frac{p_{CO}/p^{\ominus}}{w_{[C]}\cdot w_{[O]}}$$

根据碳氧平衡常数可知，钢液中碳含量越低与之相平衡的氧含量越高，或者说钢液中氧的平衡浓度和碳的平衡浓度成反比关系。而当 $w_{[C]}$ 小于 0.1 时，$w_{[O]}$ 急剧增高。通常炼钢工人习惯表述为“碳高氧低，碳低氧高”，这也就解释了为什么碳被吹炼到比较低时，钢液中氧含量通常会很高的道理。令 $m = w_{[C]} \cdot w_{[O]}$，则有：

$$m = w_{[C]} \cdot w_{[O]} = \frac{p_{CO}/p^{\ominus}}{K^{\ominus}} \tag{3-10}$$

式（3－10）中 m 为碳氧浓度积，在一定温度和压力下是一个常数，与反应物和生成物的浓度无关。实际上 m 不是真正的平衡，因为碳和氧的浓度并不等于它们的活度。只有当 $w_{[C]} \to 0$ 时，$f_C \cdot f_O = 1$，此时 m 才接近平衡态。随 $w_{[C]}$ 的增加，$f_C \cdot f_O$ 减小，m 值增加。如图 3－20 所示。

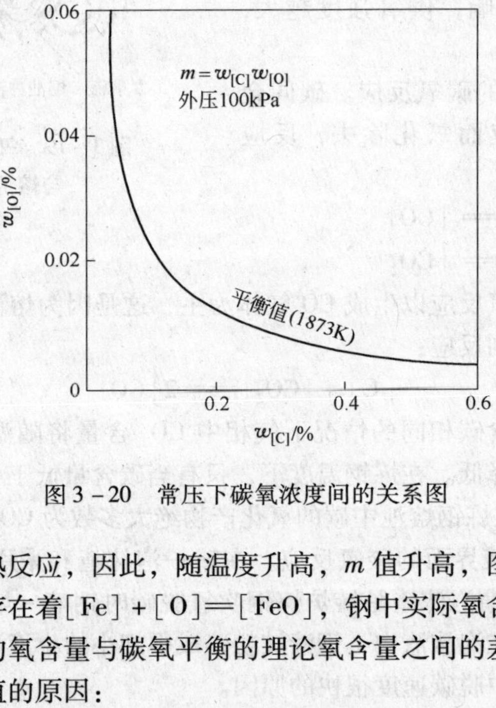

图 3－20　常压下碳氧浓度间的关系图

由于碳氧反应是放热反应，因此，随温度升高，m 值升高，图 3－20 中曲线向右角移动。由于在炼钢过程中存在着[Fe]+[O]══[FeO]，钢中实际氧含量比碳氧平衡时氧含量高。将炼钢熔池中实际的氧含量与碳氧平衡的理论氧含量之间的差值，称为过剩氧。出现过剩氧，m 值高于理论值的原因：

（1）与脱碳速度有关，脱碳速度大，过剩氧小。

（2）理论氧含量的条件为 $p_{CO} = 1\text{atm}$（$1\text{atm} = 101325\text{Pa}$），而实际炉中 p_{CO} 大于或小于 1atm。如 LD 炉 p_{CO} 约为 1.2atm，而顶底复吹转炉中 p_{CO} 约为 0.7atm。

（3）碳含量处于低碳时，$w_{[O]}$ 还受 a_{FeO} 和温度的影响。当钢水中碳含量一定时，氧含量随温度的增加而略有增加。

综上所述，从热力学的角度考虑，影响脱碳反应的因素有：

（1）增大 f_C 有利于脱碳反应。

（2）增大 f_O 和 $w_{[O]}$ 有利于脱碳反应。

（3）降低气相中 CO 的分压能使脱碳反应顺利进行。

（4）温度对脱碳反应的影响不大。

E　脱磷和脱硫

a　脱磷反应

(1) 磷对钢性能的影响。

钢中的磷大都来源于炼钢原料的铁水和废钢。对绝大多数钢种而言，磷是一种有害元素。磷能恶化钢的焊接性能；降低钢的塑性和韧性，使钢产生冷脆性，即在低温条件下钢的冲击韧性明显降低；但对部分特殊钢种，磷能提高易切削钢的切削性能；能改善钢液的流动性，提高钢液的铸造性能；能提高合金钢耐大气和海水的腐蚀能力；能提高电工用硅钢的磁导率。

一般来说，钢种最大允许的磷含量是0.02%~0.045%，而对某些钢种要求[P]在0.008%~0.015%范围内。普碳钢要求$w_{[P]} \leqslant 0.045\%$；优质碳素钢要求$w_{[P]} \leqslant 0.035\%$；高质量钢要求$w_{[P]} < 0.03\%$，甚至要求$w_{[P]} < 0.02\%$。将钢中的磷脱除到要求的范围内，是炼钢的任务之一。

(2) 脱磷的基本反应。

在钢中磷是以[Fe_3P]或[Fe_2P]形式存在，为方便起见，均用[P]表示。炼钢过程的脱磷反应是在金属液与熔渣界面上进行的，先将[P]氧化成(P_2O_5)，然后与(CaO)结合成稳定的磷酸钙，并放出大量的热。CaO是常用的脱磷剂。脱磷反应为：

$$2[P]+5(FeO)+3(CaO)=\!=\!=(3CaO\cdot P_2O_5)+5[Fe] \qquad (3-11)$$

脱磷反应是放热反应。

(3) 脱磷的基本条件。

从式(3-11)中可以看出：较低的温度、高(FeO)、高(CaO)、大渣量有利于脱磷反应的进行，即“三高一低”。具体要求为：

1) 炉渣的碱度要适当高，流动性要好。但是，碱度并非越高越好，加入过多的石灰，化渣不好，炉渣变黏，影响流动性，对脱磷反而不利。研究结果认为，脱磷时的炉渣碱度控制在2.5~3最好。

2) 适当提高炉渣的氧化性，即渣中的氧化铁要高。但作为炉渣中的碱性氧化物(FeO)脱磷能力远不及(CaO)，当炉渣中的(FeO)含量高到一定程度后，相当于稀释了炉渣中(CaO)的浓度，这样会使炉渣的脱磷能力下降。

因此，只有碱度和(FeO)含量达到一定值时，才有较好的脱磷效果。生产实验数据表明：当熔渣碱度$R=2$左右，$w_{(FeO)}=16\%\sim20\%$时，有较好的脱磷效果。

3) 适当的温度。尽管低温有利于放热反应的进行，但低温不利于石灰的熔化，不利于获得流动性良好的高碱度炉渣，不利于扩散反应的进行，从而最终还将影响到脱磷反应速度。所以，为了获得最佳的脱磷效果，熔池应有适当的温度，不能太高也不能太低。生产实践表明，去磷的合适温度范围是1450~1550℃。

4) 金属成分的影响。首先钢液中应有较高的[O]，如果钢液中[Si]、[Mn]、[Cr]、[C]含量高，则不利于脱磷，因此，只有与氧结合能力高的元素含量降低时，脱磷才能顺利进行。此外，钢液中各元素含量对[P]的活度有影响，但通常影响不太大。采用溅渣护炉技术，渣中MgO含量较高，要注意调整好熔渣流动性，否则对脱磷产生不利影响。

5) 大渣量是提高脱磷效果的有效方法之一。对于电炉来说，采用自动流渣的方法，放旧渣、造新渣就是大渣量的另一种操作形式。

(4) 回磷现象。

回磷现象就是磷从熔渣中又返回到钢中。成品钢中磷含量高于终点磷含量也属回磷现象。熔渣的碱度或氧化铁含量降低，或石灰化渣不好，或温度过高等均会引起回磷现象。出钢过程中由于脱氧合金加入不当，或出钢下渣，或合金中磷含量较高等因素，也会导致成品钢中磷含量高于终点［P］含量。回磷的原因包括：

1）炉温过高会使脱磷反应逆向进行。

2）冶炼终了以及出钢时，向炉内或钢包内加入铁合金等脱氧，会使渣中的（FeO）含量大大降低，同时，脱氧产物如 SiO_2 等也会使炉渣碱度大大降低，使脱磷反应逆向进行。

3）铁合金本身带入一定数量的磷。

在上述几种原因中，以（FeO）含量的降低对回磷影响最为显著，而碱度和温度的影响要小些。

要保证钢水脱磷效果，必须防止回磷现象。避免钢水回磷的措施：挡渣出钢，尽量避免下渣；适当提高脱氧前的炉渣碱度；出钢后向钢包渣面加一定量石灰，增加炉渣碱度；尽可能采取钢包脱氧，而不采取炉内脱氧；加入钢包改质剂。

b 脱硫反应

(1) 硫对钢性能的影响。

硫是钢中常见的元素，在普通钢种五大常见元素 C、Si、Mn、P、S 中，硫是其中之一，即使在特殊钢中，硫也是其中的有害元素之一。它主要是由炉料（包括钢铁料、造渣料等）以及燃料带入。硫在钢中多以硫化物形式存在，如 FeS、MnS 等，常用［S］表示。硫对钢性能产生以下影响：使钢产生热脆现象。所谓热脆现象是指钢坯或钢锭在高温条件下（如1100℃）进行轧制时，会产生断裂的现象；对钢的力学性能产生不利影响；使钢的焊接性能降低；能改善易切削钢的切削性能；使钢的耐腐蚀性能降低。

由于硫对绝大多数钢种而言是有害的，所以脱硫是炼钢的主要任务之一。各类钢材对硫含量的规定：普通级钢要求 $w_{[S]} \leqslant 0.055\%$；优质级钢要求 $w_{[S]} \leqslant 0.040\%$；高级优质钢要求 $w_{[S]} \leqslant 0.020\% \sim 0.030\%$；极低硫钢要求 $w_{[S]} < 0.005\%$；纯净钢要求 $w_{[S]} < 0.001\%$。

钢液的脱硫主要是通过两种途径来实现，即炉渣脱硫和气化脱硫。在一般炼钢操作条件下，炉渣脱硫占主导。从氧气转炉硫的衡算可以得出，氧化渣脱硫占总脱硫量的90%，气化脱硫占10%左右。

(2) 炉渣脱硫。

炉渣脱硫的基本反应式：

$$[S] + (CaO) = (CaS) + [O] \qquad \Delta G^{\ominus} = 98474 - 22.82T$$

$$[S] + (MnO) = (MnS) + [O] \qquad \Delta G^{\ominus} = 133224 - 33.49T$$

$$[S] + (MgO) = (MgS) + [O] \qquad \Delta G^{\ominus} = 191462 - 32.70T$$

硫在金属液中存在三种形式：即［FeS］、［S］和 S^{2-}。FeS 既溶于钢液，也熔于熔渣。渣钢间的脱硫反应：首先钢液中硫扩散至熔渣中即$[FeS] \rightarrow (FeS)$，进入熔渣中的（FeS）与游离的 CaO（或 MnO）结合成稳定的 CaS 或 MnS。

从上述反应式中可以看出，脱硫的基本条件是：高碱度、高温、低氧化性、大渣量，即“三高一低”。影响脱硫反应的因素：

1）炉渣碱度适当高。炉渣碱度高，游离 CaO 多，或（O^{2-}）增大，有利于脱硫。通常炉渣碱度在 3.0～3.5 之间最好，过高会使黏度增加，不利硫在钢－渣之间的扩散，过低则不符合脱硫要求。

2）氧化性炉渣。氧化性对脱硫的影响较为复杂，从脱硫反应式中可以看出，渣中的还原性越强，即（FeO）含量越低越有利于脱硫反应。但实际生产中氧气转炉的氧化渣中也能去除一部分硫。这是因为（FeO）含量的存在改善了渣的流动性，能促进石灰的熔化，有利于高碱度渣的形成，从而部分改善了脱硫条件。尽管氧化渣中也能脱硫，但在其他条件如搅拌、温度、碱度等完全相同的条件下，氧化渣的去硫效果还是远远低于还原渣的。

3）高温。高温有利于吸热反应的进行，有利于去硫反应的顺利进行。高温能促进石灰溶解和提高炉渣流动性。

4）钢－渣搅拌情况。去硫是钢－渣界面反应，加强钢－渣搅拌扩大反应界面积有利于去硫。例如电炉（还原期）出钢时，采用钢－渣混出的方法，使钢液和炉渣强烈混合，钢－渣界面大大增加，充分发挥了电炉还原渣的脱硫能力，使脱硫反应能够迅速进行。

5）大渣量。增加渣量可以减小（CaS）的相对浓度，可促进去硫反应。

（3）气化去硫。

由于硫和氧的亲和力比碳、硅和氧的亲和力都低，在金属液中有碳存在时，硫的直接氧化的可能性很小，所以气化去硫是通过炉渣进行的。气化去硫的反应式如下：

$$[S] + 2[O] = \{SO_2\}$$

$$(S^{2-}) + \frac{3}{2}O_2 = SO_2\uparrow + (O^{2-})$$

从上式也可以看出：硫必须首先从钢液中进入熔渣，才有可能气化去除。所以钢－渣间的去硫反应是气化去硫的基础。另外还可以看出：高碱度渣对气化去硫不利。

实践证明：只要造成流动性良好的碱性渣，就会有一定的气化去硫效果。实践操作还表明：炉渣氧化性增大，能强化气化去硫。

F　脱氧

各种炼钢方法中，都是利用氧化法来去除钢中的大部分杂质元素和有害物质，这就使氧化后期钢中溶入了过量的氧。例如氧气转炉终点 $w_{[C]} < 0.1\%$ 时，钢中氧 $w_{[O]}$ 一般为 0.035%～0.069%，而此成分下固体钢中最多只能溶解 0.003% 的氧。

如果钢水不进行脱氧，连铸坯就得不到正确的凝固组织结构；钢中氧含量高，还会产生皮下气泡、疏松等缺陷，并加剧硫的危害作用；而且还会生成过多的氧化物夹杂，降低钢的塑性、冲击韧性等力学性能。因此，必须除去钢中的过剩氧。

a　脱氧的原理和任务

在出钢或浇注过程中，加脱氧剂适当减少钢液氧含量的操作即为脱氧。炼钢过程中脱氧的原理是：利用对氧的亲和力比 Fe 大的元素，如 Mn、Si、Al 等，把钢液中的氧夺走，形成不残留在钢液中的脱氧产物，如 MnO、SiO_2、Al_2O_3 等并上浮到渣中。能用来对钢液脱氧的元素或合金称为脱氧剂。

脱氧的目的在于降低钢中的氧含量，脱氧的任务是：降低钢液中溶解的氧，把氧转变成难溶于钢液的氧化物，如 MnO、SiO_2 等；将脱氧产物排出钢液之外；脱氧时还要完成调整钢液成分和合金化的任务。

b　元素的脱氧能力

元素的脱氧能力是指在一定温度和一定浓度的脱氧元素呈平衡的钢中溶解的氧含量。显然和一定浓度的脱氧元素呈平衡的氧含量越低，这种元素的脱氧能力越强。在 1600℃ 时，元素的脱氧能力按以下顺序增强：Cr、Mn、V、P、Si、C、B、Ti、Al、Mg、Ca。其中最常用的是 Mn、Si、Al。选择脱氧元素时要求：

(1) 脱氧元素与氧的亲和力应大于 Fe 与氧的亲和力，即脱氧产物（MeO）在钢液中应比 FeO 稳定。

(2) 脱氧产物 MeO 在钢液中溶解度应非常低。

(3) 脱氧产物的密度应小于钢液密度，且熔点应较低，在钢液中应以液态形式存在，这样脱氧产物才容易集聚长大，并能迅速地上浮到熔渣中，完成脱氧任务。

(4) 过量脱氧元素，要对钢的性能无不良影响，甚至还应产生有利影响。

(5) 廉价易得。

c　脱氧方法

从脱氧原理的不同，脱氧方法分为三种，即沉淀脱氧法、扩散脱氧法和真空脱氧法。

(1) 沉淀脱氧法。

沉淀脱氧法又称为强制脱氧法或直接脱氧法。它是把块状脱氧剂，如锰铁、硅铁和铝饼等加入钢液内，直接使钢液脱氧生成稳定的氧化物。其反应式可表示为：

$$[FeO] + [Me] = [Fe] + [MeO]$$

$$[MeO] = (McO)$$

式中　Me——脱氧元素；

MeO——脱氧产物。

沉淀脱氧的优点是操作简便，脱氧速度快，节省时间，成本低。其缺点是部分脱氧产物来不及上浮而进入熔渣中，残留在钢液内污染了钢液，影响了钢液的纯净度，使提高钢的质量受到一定的限制。其脱氧程度取决于脱氧剂能力和脱氧产物的排出条件。因此，假若不采取炉外精炼等其他措施，依靠这种方法脱氧的转炉就不能生产某些质量要求很严格的钢种，而只能生产一些常用钢种。转炉多采用沉淀脱氧法。

(2) 扩散脱氧法。

扩散脱氧是把粉状脱氧剂，如炭粉、碳化硅或硅铁粉撒在渣液面上，形成还原渣间接使钢液脱氧，又称炉渣脱氧法。其反应式可表示为：

$$(FeO) + [Me] = [Fe] + (MeO)$$

$$[FeO] = (FeO)$$

在一定温度下，渣（FeO）的降低必然引起钢液中的［FeO］向渣中扩散转移，破坏了氧在渣－钢之间的平衡的分配关系，钢中氧就会不断地向熔渣中扩散转移，实现新的平衡，从而间接地使钢液脱氧。

扩散脱氧的产物存在于熔渣中，这样有利于提高钢水的洁净度，但扩散脱氧的速度慢，时间长，可以通过吹氩搅拌或钢渣混冲等方式加速脱氧进程。另外，进行扩散脱氧操作前，需换新渣，以防止回磷。碱性电弧炉炼钢的还原期多采用扩散脱氧法。

(3) 真空脱氧法。

所谓真空脱氧法是指将已炼成的钢液，置于真空条件下，打破原有的［C］、［O］平衡关系，使碳氧反应继续进行，利用钢液中［C］进行脱氧。反应式可表示为：

$$[FeO]+[C]=\!=\!=[Fe]+\{CO\}$$

在真空中，由于CO分压的降低，打破了［C］与［O］的平衡关系，引起碳脱氧能力的急剧增强，甚至可以超过硅和铝，真空脱氧能力随着真空度的增加而增加。

真空脱氧法的最大特点是它的产物CO不留在钢液中，不沾污钢液，而且CO上浮的过程中还有去气体和去非金属夹杂物的作用。真空脱氧多作为转炉和电炉的炉外精炼手段，以进一步提高钢的质量。

生产实践表明，真空处理能显著地提高钢的质量，除一些必要的设备投资外，工艺并不十分复杂，故这种方法在许多合金钢的生产中已被广泛采用。对于低碳钢，［O］的质量分数可降至0.003%～0.015%；而高碳钢，［O］的质量分数可降至0.0007%～0.002%。与此同时，钢中碳的质量分数相应下降了0.003%～0.007%。

G 脱气

钢中的气体通常是指能溶解于钢中的氢和氮。

a 钢中气体的来源

钢中的氢来自原料、耐火材料、炉气和空气中的潮气以及金属料中的铁锈（铁锈是含有结晶水的氧化铁）。

钢中的氮来源于供氧氧气、炉气和大气、金属炉料三个方面。

b 氢对钢性能的影响

氢在钢中基本上有害无利。随着钢的强度的提高，氢对钢的危害性则更为严重。应尽量降低钢中的氢含量，纯净钢要求达到 $(0.2\sim0.7)\times10^{-6}$的水平。

氢在钢中的不良影响主要有以下几方面：

(1) 使钢产生“氢脆”。溶于钢中能使钢的塑性和韧性降低，导致钢产生脆性，这就是所谓的氢脆。氢脆属于滞后性破坏，表现为在一定应力作用下，经过一段时间后，钢材突然发生脆断。

(2) 使钢产生“白点”。所谓“白点”是指在钢材断面上呈银白色的斑点。其实质是一个有锯齿形边缘的微小气泡，又称发裂。它的产生与氢脆不同，它是钢从高温冷却到室温时产生的。“白点”也使钢的塑性和韧性明显降低。

(3) 产生石板断口。其主要原因是：氢含量高的地方会出现气泡，在气泡的周围易出现C、P、S和夹杂物的偏析，这些缺陷在钢材热加工时被拉长，但不能焊合，于是形成石板断口。

(4) 产生氢腐蚀。在高温高压作用下，钢中的氢即高压氢会使钢产生网络状裂纹，严重时还可以鼓泡，这种现象称氢腐蚀。

c 氮对钢性能的影响

(1) 引起钢的时效硬化。在低碳钢中，氮能引起钢的时效硬化现象，表现为钢的强度、硬度随时间的推移而增大，而塑性则有所下降。只有当［N］的质量分数小于0.0006%时，才能免除时效硬化的可能。

（2）氮会使钢产生“蓝脆”。淬火钢在250～400℃回火后，塑、韧性不仅不增大，反而下降，这个温度范围的钢呈蓝色，故称为“蓝脆”。

（3）氮和氢综合作用使钢产生缺陷。氮和氢的综合作用会使镇静钢锭产生结疤和皮下气泡，使轧钢生产中出现裂纹和发纹，影响钢的质量。

（4）钢中的氮能和 Al、Ti 等形成 AlN、TiN 等高熔点的细小颗粒。均匀弥散分布的 AlN、TiN 等能细化晶粒，从而提高钢的强度和塑性，对改善焊接性能也有良好作用。

（5）氮能提高钢的强度和耐磨性。实际生产中常用渗氮的方法来改善钢表面的耐磨性，同时也能使钢表面的抗蚀性和疲劳强度有所改善。

d 减少钢中气体的基本途径

减少钢中气体含量：一是减少钢液吸进去的气体；二是增加排出去的气体。

（1）减少钢液吸气的基本途径：原材料如石灰、矿石、铁合金、耐火材料等必须进行烘烤或干燥；金属料中的铁锈要少；钢水包要烘烤，钢液流经的地方要烘干和密封保护（如 Ar 气密封）；熔炼过程中，钢液温度不宜过高，因为氢和氮在钢液中的溶解度随温度的升高而升高，同时应尽量减少钢液裸露的时间，防止钢液从炉气中吸收氢、氮；应尽量提高氧气的纯度，防止或减少吹氧时由于氧的不纯给金属液中带入氮。

（2）增加排气的措施：氧化熔炼过程中，钢液要进行良好的沸腾去气；采用钢液吹氩、真空处理和真空浇注降低钢液中的气体。

H 去非金属夹杂物

在冶炼或浇注过程中产生于或混入钢液中，而在其后的热加工过程中分散在钢材中的类似于炉渣的非金属物质被统称为非金属夹杂物。主要来源于：与生铁、废钢等一起进入炉内的非金属物质；从入炉到浇注的整个过程中，与钢液相接触并卷入钢液的耐火材料；在炉内、盛钢桶内和钢锭模内脱氧过程中所产生的脱氧产物。

a 非金属夹杂物的分类

（1）按照化学成分分类可分为氧化物夹杂、硫化物夹杂、氮化物夹杂、磷化物夹杂等。

1）氧化物夹杂。包括简单氧化物夹杂和复杂氧化物夹杂。

简单氧化物夹杂：以游离氧化物形式存在于钢中，如：FeO、MnO、SiO_2、Fe_2O_3、Cr_2O_3、TiO_2、V_2O_3 等。

复杂氧化物夹杂：包括尖晶石类型和各种钙的硅酸盐。尖晶石类型的氧化物因具有尖晶石 $MgO \cdot Al_2O_3$ 的八面晶体结构而得名，常见的有 $FeO \cdot Al_2O_3$、$MnO \cdot Al_2O_3$ 等铝尖晶石，$FeO \cdot Cr_2O_3$、$MnO \cdot Cr_2O_3$ 等铬尖晶石等。硅酸盐夹杂是由金属氧化物和硅酸根组成的化合物，属于这一类的夹杂物有 $2FeO \cdot SiO_2$、$2MnO \cdot SiO_2$、$3MnO \cdot Al_2O_3 \cdot 2SiO_2$ 等。

2）硫化物夹杂：硫化物夹杂主要是指 FeS、MnS 以及它们的固溶体（Fe、Mn）S，此外还有 CaS 等，主要危害是导致钢的“热脆”。硫化物在固态钢中有不同的形态，可以是呈球形任意分布在固态钢中，也可以以链状分布在晶界处。链状分布在晶界处的硫化物夹杂的“热脆”危害性更严重。

3）氮化物夹杂：钢中常见的氮化物有 AlN、TiN、VN、ZrN 等，它们在钢中很稳定，对钢的组织性能均有不同程度的影响。

4）磷化物夹杂：磷化物夹杂主要是指 Fe_3P、Fe_2P。

（2）按夹杂物的来源分类分为外来夹杂物和内生夹杂物。

1）外来夹杂物：这类夹杂物是在冶炼和浇注过程中进入钢液的耐火材料或熔渣，因滞留在钢中而造成的。一般外来夹杂物的特征是外形不规则，尺寸比较大，在钢中出现有偶然性，分布不均匀且无规律。

2）内生夹杂物：这类夹杂物是由于脱氧或凝固过程中进行的物理化学反应而产生的，也有可能是在冶炼过程中元素被氧化产生的化合物滞留在钢中造成的。

（3）按夹杂物的热加工变形性能分类分为脆性夹杂物、塑性夹杂物、点状不变形夹杂物。

1）脆性夹杂物：指完全不具有塑性的夹杂物。当钢进行热加工时不会变形，但夹杂物能沿加工方向破碎成串或链状分布，如 Al_2O_3、Cr_2O_3 和尖晶石或尖晶石类复合氧化物，以及 V、Ti、Zr 的氮化物等高熔点、高硬度的夹杂物。

2）塑性夹杂物：它在钢材进行热加工时沿加工方向延伸成条带状，如 FeS、MnS 以及含 SiO_2 较低（40% ~60%）的低熔点硅酸盐等夹杂物。

3）点状不变形夹杂物：有的夹杂物在铸态呈点状（或球形），当钢经加工变形后，夹杂物不变形，仍然呈点状，称为点状不变形夹杂物。属于这一类的有石英玻璃（SiO_2）、含 SiO_2 较高（>70%）的硅酸盐、钙的铝酸盐以及高熔点的硫化物（如 CaS、La_2S_3、Ce_2S_3 等）。

（4）按尺寸大小分类。

1）超显微类夹杂物：即小于 1μm 的夹杂物。这类夹杂物都是内生夹杂物。

2）显微夹杂物：即小于 100μm 的夹杂物，又称微观夹杂物。它们以内生夹杂物为主。

3）大型夹杂物：即大于 100μm 的夹杂物，也称宏观夹杂物，它们多为外来夹杂物。

b　夹杂物对钢性能的影响

钢中的非金属夹杂物破坏了金属基体的连续性，使钢的塑性、韧性和疲劳强度降低，也使钢的冷、热加工性能变坏。

但某些特殊场合下，夹杂物也能起到好的作用。如细小的 Al_2O_3 夹杂能细化晶粒，硫化物夹杂能改善钢的切削性能等。

降低钢中非金属夹杂物的途径有：

（1）使用洁净的炉料，钢液接触和流经的地方也要洁净。

（2）提高耐火材料的材质，减少其侵蚀损坏而混入钢液。

（3）氧化熔炼过程中，钢液应进行良好的沸腾，以清除钢液中的非金属夹杂物。

（4）采用正确的脱氧操作方法，使脱氧产物易于上浮入渣。

（5）浇注前钢液在钢包中镇静适当的时间，以利非金属夹杂物充分上浮。

（6）采用钢液吹氩、真空处理和真空浇注，减少钢液中的非金属夹杂物。

I　钒的氧化

从氧势图上可以看出，钒与氧的亲和力较强，钒和碳的选择氧化温度是 1361℃，低于这个温度，钒才会被氧化。因此，当铁水中钒含量较高时，需要含钒铁水在进入炼钢之前，预先将铁水中钒氧化成钒渣从铁水中分离出来而得到重要的钒原料——钒渣。

含钒炉渣的岩相分析证明，渣中有钒尖晶石 $FeO \cdot V_2O_3$，这说明钒被氧化生成 V_2O_3。

为了尽量使铁水中的钒氧化进入炉渣，达到提钒保碳的目的，应控制好吹炼温度，从而控制［V］、［C］氧化的转向温度。钒氧化反应可用以下反应式表示：

$$\frac{4}{3}[V] + O_2 = \frac{2}{3}V_2O_3(s) \qquad \Delta G^{\ominus} = -184700 + 50.53T$$

$$\frac{4}{5}[V] + O_2 = \frac{2}{5}V_2O_5(l) \qquad \Delta G^{\ominus} = -134600 + 39.05T$$

［V］除了发生上式的直接氧化外，还会发生下列的间接氧化：

$$Fe(l) + 2[V] + 4[O] = FeV_2O_4(s)$$

$$2[V] + 3[O] = V_2O_3(s)$$

从氧势图上看，$V\text{-}V_2O_3$ 的氧势线与 C-CO 的氧势线交叉，因此“提钒保碳”是一个典型的选择性氧化问题。低于转化温度，钒与氧的亲和力大于碳与氧的亲和力，钒优先氧化，钒渣生产中可提高提钒效率，获得高品位的钒渣；高于转化温度，碳与氧的亲和力大于钒与氧的亲和力，碳即开始大量氧化并抑制钒的氧化，降低钒的回收率。同时碳的大量氧化又使半钢中碳含量过低，给半钢炼钢带来困难。因此铁水提钒过程为了达到“提钒保碳”的目的，温度是钒选择氧化最重要的影响因素，要严格将熔池温度控制在1400℃以下。

炉渣中（FeO）含量高，有利于钒的间接氧化，渣中（FeO）含量过高就会降低 V_2O_3 含量，致使提钒时铁耗增加，并使钒渣的后步加工变得复杂。因此，在保证钒有较高的氧化率下，钒渣中氧化铁含量也不是越高越好。

钒的氧化过程中，铁水中［Si］也被氧化，形成 $FeO\text{-}V_2O_3\text{-}SiO_2$ 系的酸性渣，FeO 与 V_2O_3 结合形成 $FeO \cdot V_2O_3$ 钒尖晶石。碱性渣有利于钒的氧化，生成钒尖晶石，进一步提高钒在渣、铁间的分配比。

此外，铁水中含有能增大钒活度系数的元素，有利于碳的氧化；炉气中 CO 越低，越有利于碳的氧化，而不利于提钒保碳。

3.3.3 教学实施建议

本任务冶金生产实际结合得较紧密，授课中应结合转炉炼钢生产、钒渣生产等实际生产案例讲解，可以安排学生做相关的实验、仿真实训，加深对氧化原理的理解，重点训练利用原理调整氧化过程条件（温度、压力）的能力。

3.3.4 思考与练习

一、填空题

1. 硫对钢的危害是__________。
2. 根据脱氧的机理分类，单一的脱氧方法主要有__________、__________和真空脱氧。
3. 铁水中的硫是以__________和 MnS 形式存在，碳在钢中主要以__________形式存在。
4. 钢中除了含有各种常规元素和合金元素外，还含有微量的气体，钢中气体通常是指溶解在钢中的__________和__________。

5. 氧气转炉有利于脱硫的条件是：高碱度、高温度、大渣量和________。
6. 熔池搅拌________金属中非金属夹杂物及气体的排出。
7. 脱氧元素的脱氧能力是指在一定温度下，和一定浓度的脱氧元素成________的钢液中氧的浓度。
8. 钢中五大元素是________、________、________、________、________。
9. 温度升高，碳氧浓度乘积________。
10. 氧化方式包括________和________两种。

二、选择题

1. 内生夹杂物的主要来源是（　　）。
   A. 炉衬及盛钢桶耐火材料侵蚀
   B. 冶炼过程元素被氧化及脱氧形成氧化物
   C. 炉料内在夹杂
2. 下列任务不属于炼钢任务的是（　　）。
   A. 去除夹杂　　B. 调整钢的成分　　C. 细化钢材晶粒度组织
3. 为加速非金属夹杂物排出，提高钢的质量，要求脱氧产物熔点要（　　）钢液温度。
   A. 高于　　B. 低于　　C. 等于
4. 转炉炼钢吹炼初期，铁水中 Si、Mn、C 元素的氧化顺序为（　　）。
   A. Si-C-Mn　　B. Mn-Si-C　　C. Si-Mn-C　　D. 同时进行
5. 磷是钢中有害元素，随磷含量的增加常出现（　　）。
   A. 热脆　　B. 冷脆　　C. 蓝脆
6. 终点炉渣的湿润角越大，出钢时（　　）。
   A. 易夹杂　　B. 不易夹杂　　C. 两者没有区别
7. 钢渣界面反应式：$(FeO)+[C]═══[Fe]+\{CO\}$是（　　）。
   A. 放热反应　　B. 吸热反应　　C. 不吸热也不放热
8. 铝是强脱氧元素，其脱氧产物为 Al_2O_3，在钢中以（　　）状态存在。
   A. 固态　　B. 液态　　C. 固态和液态
9. 下列三种元素（　　）元素脱氧能力最强。
   A. Mn　　B. Si　　C. Al
10. 炉渣中（　　）含量对脱硫有利。
   A. SiO_2　　B. Al_2O_3、MgO
   C. FeO、CaO　　D. CaO、MnO

三、判断题

1. 铁和钢都是铁碳合金，一般碳含量大于 2.00% 称为铁，碳含量小于或等于 2.00% 的称为钢。（　　）
2. 转炉炼钢主要是氧化反应。（　　）
3. 转炉炼钢脱碳反应的重要意义仅在于把铁水碳降到所炼钢种的要求范围。（　　）
4. 钢中的气体主要有氮、氢、氧和一氧化碳四种。（　　）

5. 钢包吹氩搅拌钢水的目的主要是提高钢水温度。 ( )
6. 磷在钢中存在会降低钢的塑性、韧性，常温和低温下出现“冷脆”现象。 ( )
7. 在吹炼前期影响脱磷的主要因素，不是渣中氧化亚铁，而是碱度。 ( )
8. 炉渣的氧化能力是指炉渣所有的氧化物浓度的总和。 ( )
9. 以 CaO、MgO、MnO 等氧化物为主的炉渣称为碱性渣。 ( )
10. 脱硫反应是吸热反应，所以温度升高有利于脱硫。 ( )

四、简答题

1. 什么是直接氧化，什么是间接氧化？
2. 碳氧反应的作用是什么？
3. 写出脱磷反应式及脱磷的条件。
4. “回磷”的原因是什么，如何防止回磷？
5. 写出脱硫反应式及脱硫的条件。
6. 氧对钢性能有何影响，脱氧的任务是什么？
7. 什么是沉淀脱氧法、扩散脱氧法和真空脱氧法，各有什么特点？
8. 钢中气体对钢性能有何影响？
9. 钢中气体的来源是什么，如何减少钢中气体？
10. 钢中夹杂物对钢性能有何影响？
11. 非金属夹杂物如何分类？
12. 降低钢中非金属夹杂物的途径有哪些？

学习情境4　湿法冶金基础

任务4.1　浸 出 过 程

知识目标：

（1）掌握浸出过程的基本方法；
（2）熟悉浸出过程的原理；
（3）了解各种常见浸出剂。

能力目标：

（1）会分析和解释浸出过程的影响因素；
（2）会利用所学的理论分析并控制五氧化二钒生产过程浸出单元。

4.1.1　任务描述

浸出过程就是利用适当的溶剂，在一定条件下使矿石或精矿焙烧矿中的一种或几种有价成分溶出，从而与其中的脉石成分和杂质分离的过程，是湿法冶金过程中一个非常重要的环节。因此，学习和掌握浸出过程是控制湿法冶金生产过程的基础。本任务将详细介绍浸出的方法、原理，并介绍了五氧化二钒生产过程浸出单元。

4.1.2　相关知识

4.1.2.1　浸出过程基础知识

随着地球上资源的日益枯竭，难处理的低品位矿和贫矿也要利用起来，传统火法冶金过程处理起来效率不高；此外，一些元素如铀等从矿物中的提取也不能采用传统的火法冶金，而只能用化学溶剂把它们分离出来。在这样的背景下湿法冶金作为一项独立的技术迅速发展起来。湿法冶金因处理低品位矿和贫矿效率较高，原料中有价金属综合回收程度高，有利于环境保护，并且在生产过程中较易实现连续化和自动化，近些年得到越来越多的关注。

浸出过程是湿法冶金中应用最多的过程，几乎所有湿法冶金的生产流程中都包括有一个或多个浸出工序，浸出过程的指标在很大程度上决定了整个金属冶炼的效益。因此研究浸出过程的理论和工艺对改善和发展提取冶金过程和材料工业都具有重大的意义。

所谓浸出就是在水溶液中利用浸出剂与固体原料（如矿物原料、冶金过程的固态中间产品、废旧物料等）发生作用，使有价元素变为可溶性化合物进入水溶液，而主要伴生元素进入浸出渣。常用浸出率来表征浸出指标。如五氧化二钒的生产就是将钒渣经过焙烧后进行浸出，得到含钒的溶液，再对含钒溶液经过净化、沉淀，最终得到产品。

浸出原料（如矿物原料、冶金过程的固态中间产品、废旧物料等）通常是复杂的多元体系，成分复杂，其中有价值的矿物多为氧化物、硫化物、氢氧化物、碳酸盐、硫酸盐、砷化物、磷酸盐等，也有极少数以自然金属状态存在的金、银、铜等。要根据具体原料的特点选择适宜的浸出剂和浸出方法。

通常为了提高浸出效率，原料在浸出之前往往要进行物理的或化学的处理，以改善其物理化学性质。如浸出前进行焙烧，将有价金属元素转变成可溶于溶剂的化合物。

工业上常用的浸出剂有：水、酸（通常是硫酸、盐酸）溶液、氨溶液和碱溶液、盐溶液（如贵金属金、银浸出时所用的氰化物溶液）、氯、细菌溶液等。在具体生产中，选择浸出剂时要遵循以下原则：

（1）能选择性地迅速溶解出原料中的有价成分。

（2）不与原料中的脉石和杂质发生作用。

（3）毒害小，没有危险，便于使用。

（4）能够再生使用。

（5）价格低廉并能大量获得。

4.1.2.2　浸出反应的分类

按原料的组成、性质不同，浸出过程有常压浸出和加压浸出之分；按浸出剂的不同又可分为水浸出、酸浸出、碱浸出、盐浸出等。

A　酸浸

酸浸所用浸出剂是酸溶液，常用盐酸或硫酸或硝酸将物料中的碱性化合物溶入溶液，如钒酸钙的硫酸浸出、锌焙砂的硫酸浸出等。

B　碱浸

碱浸常用碱或碱性溶液将物料中的酸性化合物浸入溶液，如铝土矿或黑钨矿的 NaOH 浸出等。

而氨溶液浸出，在某些场合下属于碱浸范畴，如利用 NH_4OH 的碱性来浸出钨酸或钼焙砂，但在某些场合下却主要是利用其络合性质，如镍、钴、铜硫化矿的氨浸等，则不应归入碱浸之列。

此外，人们往往将 Na_2CO_3 浸出也归入碱浸之列。

C　氧浸

氧浸主要用于金属硫化矿或单质金属的浸出，需配合其他浸出剂一起使用，也可将单质金属或低价化合物浸出，如预还原后红土矿的浸出、预还原钛铁矿的酸浸等。

D　氯化浸出

氯化浸出主要利用氯作为氧化剂进行重金属硫化矿的浸出。氯作为氧化剂时，一般通过变价金属的氯化物进行，如辉锑矿的湿法氯化，又称氯盐浸出。

E　细菌浸出

细菌浸出是微生物冶金的重要应用。这是一种利用细菌的作用直接从矿石中浸出有价金属，例如氧化铁硫杆菌能破坏硫化矿中的铁和硫，强化其氧化反应使难溶的硫化矿变成可溶性的硫酸盐，在黄铜矿湿法氧化时，由于氧化铁硫杆菌的作用，将使下列反应的速度提高10倍以上，甚至达到1000倍。细菌的作用可强化浸出的速度，而细菌则利用反应中释放的能量进行生活、生长和繁殖。

细菌浸出通常采用地下浸出法或堆浸法，在25～40℃下进行，目前主要用于从低品位难选铜矿及含铜废石中回收铜，从铀矿中回收铀。近些年对细菌浸出研究较多，但适当细菌的寻找和培养依旧是细菌浸出的难点所在。

F 电化浸出

在电场作用下利用阳极氧化作用将硫化矿氧化，它用于辉钼矿及某些重金属硫化矿如辉锑矿的氧化，但目前还未见其工业生产的报道。

值得说明的是，实际的浸出过程可能同时采用了多种浸出剂和多种浸出方式，不能按上述方法严格区分，如某些浸出过程既有酸（或碱）参加，同时亦有氧参加，从不同角度考虑可分别属酸浸（或碱浸）或氧浸。

4.1.2.3 浸出反应的热力学分析

浸出过程是通过一系列化学反应实现的，这些反应类目繁多，从有价成分转入溶液方式的角度来看，浸出过程主要反应包括：简单溶解、溶质价不发生变化的化学溶解和溶质价发生变化的化学溶解三大类。

A 简单的溶解

原料中的有价成分是本来就易溶于水的化合物，浸出过程的主要反应就是有价成分从固相转入液相的简单溶解，即简单溶入水中（当然也伴随着水合反应），如烧结法生产 Al_2O_3 时，烧结块中 $NaAlO_2$ 的溶出和锌焙砂浸出时焙砂中 $ZnSO_4$ 的溶出：

$$NaAlO_2 + aq \longrightarrow NaAlO_2(aq)$$

$$ZnSO_4 + aq \longrightarrow ZnSO_4(aq)$$

B 溶质价不发生变化的化学溶解

这类浸出反应有以下三种不同情况：

（1）化合物（主要是氧化物）直接溶于酸或碱，形成溶于水的盐，如：

硫化锌精矿经氧化焙烧后的酸浸出：

$$ZnO(s) + H_2SO_4 \longrightarrow ZnSO_4(l) + H_2O$$

三水铝石型土矿碱浸出：

$$Al(OH)_3(l) + NaOH \longrightarrow NaAl(OH)_4(l)$$

（2）将难溶化合物中的一种元素或离子团浸入溶液，而其他元素或离子团转化成气体进入气相，变成难电离物进入溶液。如：

方解石的酸浸反应：

$$CaCO_3(s) + 2HCl(aq) \longrightarrow CaCl_2(aq) + H_2O + CO_2(g)$$

ZnS 的酸浸出：

$$ZnS(s) + H_2SO_4 \longrightarrow ZnSO_4(l) + H_2S(g)$$

（3）将难溶化合物中的一种元素或离子团浸入溶液，而其他的元素或离子团转化进入另一难溶化合物，如：

白钨矿的碱浸出：

$$CaWO_4(g) + Na_2CO_3(l) \longrightarrow CaCO_3(s) + Na_2WO_4(l)$$

NiS 的盐浸出：

$$NiS(s) + CuSO_4(l) \longrightarrow CuS(s) + NiSO_4(l)$$

C　溶质价发生变化的化学溶解

浸出反应中有价态变化，因此可称为电化学溶解。这类反应可能有以下几种不同的情况：

(1) 金属的氧化靠酸的氢离子还原而发生。

负电性的金属均可溶解在酸中：

$$Me(s) + H_2SO_4 \longrightarrow MeSO_4(l) + H_2$$

(2) 金属的氧化靠空气中的氧而发生。

某些正电性的金属溶解：

$$Me(s) + H_2SO_4 + O_2 \longrightarrow MeSO_4(l) + H_2O$$

(3) 金属的氧化物靠加入溶液的氧化剂而发生。

铜的湿法冶金：

$$Me(s) + Fe_2(SO_4)_3(l) \longrightarrow MeSO_4(l) + 2FeSO_4(l)$$

锌的湿法冶金：

$$2Fe^{2+} + MnO_2 + 4H_2SO_4 \longrightarrow MnSO_4 + Fe_2(SO_4)_3 + 2H_2O$$

(4) 与阴离子氧化有关的溶解。

在许多浸出场合下，金属由难溶化合物转入溶液的过程，只有在难溶化合物中与金属相结合的阴离子被氧化时才能进行。某些硫化精矿在进行加压氧浸出时硫离子氧化成元素硫的反应如下：

$$MeS(s) + H_2SO_4 + O_2 \longrightarrow MeSO_4(l) + H_2O + S(g)$$

$$MeS(s) + FeCl_3 \longrightarrow MeCl(l) + FeCl_2 + S(g)$$

$$MeS + 2O_2 \longrightarrow MeSO_4$$

(5) 基于金属还原的溶解。

这类溶解反应可以在被提取金属能形成几种价态的离子的情况下发生。含有高价金属难溶化合物，可以在金属还原成更低价时转变为可溶性化合物，如：

氧化铜用亚铁盐浸出：

$$3CuO + 2FeCl_2 + 3H_2O \longrightarrow CuCl_2 + 2CuCl + 2Fe(OH)_3$$

(6) 有配合物形成的氧化－还原反应。

金的氰化钠浸出：

$$2Au + 4NaCN + H_2O + \frac{1}{2}O_2 \longrightarrow 2NaAu(CN)_2 + 2NaOH$$

硫化镍的氨溶液浸出：

$$Ni_3S_2 + 10NH_4OH + (NH_4)_2SO_4 + \frac{9}{2}O_2 \longrightarrow 3Ni(NH_3)_4SO_4 + 11H_2O$$

这种有配合物形成的浸出又被称为配合溶浸，在浸出过程中具有很多优势：能进行选择性的溶解，这是因为原料中的有些伴生金属不形成配合物；配合物的形成，使得金属在给定溶液中的溶解度增大，利于产出高浓度的溶液；溶液的稳定性提高，而不易发生水解。这使得配合溶浸在湿法冶金中得到广泛的应用。

溶剂与有价矿物作用的可能性依然决定于反应的吉布斯自由能变化，若反应体系是吉布斯自由能减少，即反应吉布斯自由能为负值，此反应能自动进行，且负值量愈大，反应愈易进行，反应的愈完全；若反应进行时是体系的吉布斯自由能增大，即反应吉布斯自由能为正值，该反应就不能自动进行，也就是说溶剂不能使有价成分溶解。下面会以五氧化二钒生产的浸出过程为例来进行详细分析。

4.1.2.4 浸出速度的影响因素

影响浸出速度的因素有很多，最主要的包括：矿块的大小、过程的温度、矿浆的搅拌速度和溶剂的浓度。

A 矿块大小影响

浸出是液-固之间的多相反应过程，其他条件相同的情况下，浸出速度与液-固接触表面成正比，因此浸出过程的速度随着矿块的减小而增大，故矿块在浸出之前应进行破磨。矿块的破磨程度，取决于有价成分在矿块中的分布情况、经济效益和所采用的浸出方法。

但是，矿块不宜过分磨细，否则将会使矿浆的黏度增大，这样又会降低浸出速度。适宜的矿块大小，要由实验确定。

B 温度的影响

温度对浸出速度的影响取决于它对过程限制步骤的影响。

如果过程在动力学区域时，即受反应速度限制，则温度对反应速度的影响是，温度升高283K，反应速度约增加2~4倍，也就是说反应速度的温度系数等于2~4。因此，加速反应进行最有效地措施是：提高温度，增大溶剂浓度，减小矿块粒度，提高固体的气孔率，使用催化剂等。

如果过程受扩散速度限制，即在扩散区域时，也就是过程的限制步骤是液相中的扩散，则必须首先提高液流的速度和用加强搅拌的方法增大紊流程度。如果固体内扩散成为浸出过程的控制步骤，那么强化过程的方法是将矿块磨细和增大孔隙的相对体积。

C 搅拌

在大多数情况下，浸出时都要将矿浆进行搅拌，搅拌的目的在于使扩散层厚度减小。这是因为搅拌时，会产生高速的涡流，这种涡流能迅速地将扩散层厚度减小至一定程度。但由于靠近矿物晶体的饱和溶液层与矿物晶体有着牢固的附着力，且从水力学原理知道，液体在固体表面层的流动是与整个液体的运动有区别的，也就是当整个液体已处在相当激烈的紊流时，固体表面层附近的液体仍然可以是处于层流状态，因此即使很激烈的搅拌也不能将全部的扩散层去掉。

当搅拌速度达到一定值后，进一步提高搅拌速度，也不能加速离子或分子的扩散速度，在此情况下，反应的进行不再受扩散条件的限制，而是受反应进行的动力学因素所限制。浸出过程最合适的搅拌速度需由实验确定。

D 溶剂浓度的影响

溶剂浓度对于反应速度和溶解程度影响很大。溶解速度和溶解程度均随溶剂浓度的增大而增加。但溶剂浓度也不能过高，过高不仅不经济，而且还会引起杂质进入溶液的量增多。最适当的溶剂浓度应该是：在此浓度下，被提取的有价成分既能迅速溶解，而同时杂质进入溶液的数量又最少。最适当的浓度，也需由实验确定。

4.1.2.5　五氧化二钒生产的浸出过程

五氧化二钒是制取钒合金的原料，其生产是以钒渣为原料，经过焙烧得到钒的化合物，根据钒的化合物性质选择适当的溶剂进行浸出，得到含钒溶液，将含钒溶液经过净化、沉淀等工序即可得到五氧化二钒产品。其浸出过程因焙烧的不同而不同。

（1）钒渣钠化焙烧即用 NaCl、Na_2SO_4、Na_2CO_3 等钠盐对钒渣进行钠化和氧化焙烧，将钒渣中的 $FeO \cdot V_2O_3$ 转化成易溶于水的偏钒酸钠 $NaVO_3$，可直接溶于水中。因此可以选择水作浸出剂，主要进行的是简单溶解反应。

（2）钒渣钙化焙烧即用石灰与钒渣混合进行焙烧，将钒渣中的 $FeO \cdot V_2O_3$ 转化成 $Ca(VO_3)_2$、$Ca_2V_2O_7$、$Ca_3(VO_4)_2$、$FeVO_4$ 等难溶于水的化合物，因此，选择硫酸作浸出剂，发生的主要浸出反应有：

$$Ca(VO_3)_2 + 2H_2SO_4 = (VO_2)_2SO_4 + CaSO_4 \downarrow + 2H_2O$$

$$Ca_2V_2O_7 + 3H_2SO_4 = (VO_2)_2SO_4 + 2CaSO_4 \downarrow + 3H_2O$$

$$Ca_3(VO_4)_2 + 4H_2SO_4 = (VO_2)_2SO_4 + 3CaSO_4 \downarrow + 4H_2O$$

$$2FeVO_4 + 4H_2SO_4 = (VO_2)_2SO_4 + Fe_2(SO_4)_3 \downarrow + 4H_2O$$

4.1.3　教学实施建议

本任务介绍浸出过程的基础知识，内容浅显易懂，可以采用引导文法引导学生的学习，并辅以实验加深学生对浸出过程的理解，可用小组汇报的方式检查学习效果。

4.1.4　思考与练习

一、填空题

1. 对不溶解于水的钒酸盐（钒酸钙等），可以用＿＿＿＿＿＿或＿＿＿＿＿＿的方法回收钒。
2. 在湿法冶金中，许多过程是在酸碱盐的＿＿＿＿＿＿溶液中完成的，由于酸碱盐等化合物都是电解质，因此所发生的反应，实质上是＿＿＿＿＿＿间的反应。
3. ＿＿＿＿＿＿是指利用适当的溶剂使原料中的一种或几种有价成分优先溶出，达到有价成分与脉石和杂质分离的目的。
4. 浸出过程的影响因素包括：＿＿＿＿＿＿、＿＿＿＿＿＿、＿＿＿＿＿＿、＿＿＿＿＿＿。

二、判断题

1. 浸出温度高，有利于扩散和提高溶解度。（　）
2. 浸出液浓度越高，越有利于提高可溶钒的溶解速度和扩散速度。（　）
3. 搅拌有利于提高扩散速度，提高浸出率。（　）
4. 为了提高浸出率，可以将钒渣磨得更细以达到提高钒浸出率的目的。（　）

三、简答题

1. 简述矿石浸出的实质。
2. 简述选择浸出所用溶剂的基本原则。

3. 按浸出剂的不同浸出过程可分为哪几类？
4. 浸出过程的反应分为哪几类？
5. 写出钒渣钙化焙烧生产五氧化二钒浸出工序的浸出反应。

任务4.2 净 化 过 程

知识目标：

（1）掌握湿法冶金过程中常用的浸出液净化方法；
（2）熟悉净化过程的原理；
（3）了解浸出液净化过程的影响因素。

能力目标：

（1）会根据所学的理论分析并控制五氧化二钒生产浸出液的净化过程；
（2）能分析并控制冶金生产中废液的净化过程。

4.2.1 任务描述

湿法冶金过程中，经过必不可少的浸出工序之后，为满足下一工序的要求，通常要对浸出液进行净化。此外，冶金生产过程中会产生大量的废液，需要经过净化处理才能排放，或者经过净化处理后循环利用。本任务将介绍各种常用的净化方法。

4.2.2 相关知识

矿物在浸出过程中，主金属元素从原料中浸出的同时，原料中的某些杂质也不可避免地进入溶液。其中有些杂质是有价金属，可以作为副产品回收利用；而其他杂质若不经过处理直接进行下一工序，会使得生产的物料处理量大。因此，在进行下一工序前必须将某些杂质除去，以获得尽可能纯净的溶液。如将锌浸出液中的铁、砷、锑、镉、钴等除至规定以下，将镍浸出液中的铁、铜、钴等除至规定的限度以下。钒浸出液中的铁、锰、镁、钛、硅等元素要降到规定范围内。净化过程既是湿法冶金中必不可少的过程，又是综合利用资源的重要过程。

工业上经常使用的净化方法有离子沉淀法、置换法、共沉淀法、有机溶剂萃取法、离子交换法等。这些方法的实质都是使主金属跟杂质相分离，原理或者使主金属从溶液中析出；或者是将主金属留在溶液中而杂质沉淀下来。将这种水溶液中主体金属与杂质元素分离的过程称为水溶液的净化。

下面将讨论最常见的几种净化方法。

4.2.2.1 离子沉淀法净化

将溶液中某种离子在沉淀剂的作用下，形成难溶化合物而沉淀的过程称为离子沉淀法。为了达到使主体有价金属和杂质彼此分离的目的，工业生产中有两种不同的做法：

（1）使杂质呈难溶化合物形态沉淀，而有价金属留在溶液中，这就是溶液净化沉淀法。

（2）使有价金属呈难溶化合物沉淀，而杂质留在溶液中，这个过程称为制备纯化合物的沉淀法。

这种方法的实质是使某种离子形成难溶化合物而与溶液分离开来。湿法冶金过程中经常遇到的难溶化合物有氢氧化物、碳酸盐、黄酸盐和草酸盐等。因此，湿法冶金净化过程中常用的是形成难溶氢氧化物的水解法和呈硫化物沉淀的选择分离法。

A　水解沉淀法

除少数碱金属的氢氧化物外，大多数金属的氢氧化物都属于难溶化合物，而且不同pH值下氢氧化物的沉淀又有所不同。根据这个特点，可通过控制溶液的pH值使金属离子得到氢氧化物沉淀，实现离子的分离。这就是水解沉淀法，即根据金属氢氧化物沉淀的pH值的差别来达到金属分离的目的。

在生产实践中，使溶液中金属离子呈氢氧化物形态沉淀，包含两个不同方面的目的：一是使主要金属从溶液中呈氢氧化物沉淀，如生产氧化铝时，铝呈氢氧化铝从铝酸钠溶液中沉淀析出；二是使杂质从浸出液中呈氢氧化物沉淀，如锌对含钒浸出液，可控制浸出液终点的pH值，使杂质铁呈 $Fe(OH)_3$ 沉淀分离除去。

从物理化学的观点来看，上述两种生成难溶氢氧化物的反应都属于水解过程。金属离子水解反应可以用下列通式表示：

$$Me^{n+} + nOH^- = Me(OH)_n(s)$$

可通过上式的吉布斯自由能值求出反应的溶度积，从而求出生成 $Me(OH)_n$ 的平衡pH值，也即开始出现氢氧化物沉淀的pH值。表4－1所列数值为298K及 $a_{Me^{n+}}=1$ 时各金属开始出现氢氧化物沉淀的pH值。

表4－1　298K及 $a_{Me^{n+}}=1$ 时各金属开始出现氢氧化物沉淀的pH值

氢氧化物生成反应	溶度积 K_{sp}	溶解度/mol · L^{-1}	生成 $Me(OH)_n$ 的pH值
$Ti^{3+} + 3OH^- = Ti(OH)_3$	1.5×10^{-44}	4.8×10^{-12}	−0.5
$Sn^{4+} + 4OH^- = Sn(OH)_4$	1.0×10^{-56}	2.1×10^{-12}	0.1
$Co^{3+} + 3OH^- = Co(OH)_3$	3.0×10^{-41}	5.7×10^{-11}	1.0
$Sb^{3+} + 3OH^- = Sb(OH)_3$	4.2×10^{-42}	1.1×10^{-11}	1.2
$Sn^{2+} + 2OH^- = Sn(OH)_2$	5.0×10^{-26}	2.3×10^{-9}	1.4
$Fe^{3+} + 3OH^- = Fe(OH)_3$	4.0×10^{-38}	2.0×10^{-10}	1.6
$Al^{3+} + 3OH^- = Al(OH)_3$	1.9×10^{-33}	2.9×10^{-9}	3.1

通过比较表4－1的数据可发现各种金属离子形成氢氧化物的顺序为：

（1）氢氧化物从含有几种阳离子价相同的多元盐溶液中沉淀时，首先开始析出的是pH值最低，即溶解度最小的氢氧化物。

（2）在金属相同但其离子价不同的体系中，高价阳离子总是比低价阳离子在pH值更小的溶液中形成氢氧化物。这是因为高价氢氧化物比低价氢氧化物的溶解度更小。

实践表明，纯净的氢氧化物，只能从稀溶液中生成，而在一般溶液中常常是形成碱式盐而沉淀析出。当溶液的pH值增加时，先沉淀析出的是金属碱式盐，也就是说对相同的金属离子来说，其碱式盐析出的pH值低于氢氧化物析出的pH值。三价金属的碱式盐与二价同一金属碱式盐相比较，可以在较低的pH值下沉淀析出。因此，为了使金属呈难溶的化合物形态沉淀，在沉淀之前或沉淀的同时，将低价金属离子氧化成更高价态的金属离子是合理的。

B 硫化沉淀法

除碱金属外，一般金属硫化物在水中的溶解度都比较小，凡溶度积愈小的硫化物愈易沉淀析出。常用H_2S、Na_2S等含硫化合物作为沉淀剂。在现代湿法冶金中，以气态H_2S作为硫化剂使水溶液中的金属离子呈硫化物形态沉淀的方法已在工业生产中得到应用，并经实践证明是一个既经济且效率又很高的方法。

硫化沉淀法实际用于两种目的不同的场合：一种场合是使有价金属从稀溶液中沉淀，得到品位很高的硫化物富集产品，以备进一步回收处理；另一种场合则是进行金属的选择分离和净化，即在主要金属仍然保留在溶液中的同时使伴生金属成硫化物形态沉淀。硫化沉淀反应可以用下列通式表示：

$$Me_2S_n = 2Me^{n+} + nS^{2-}$$

可通过上式的吉布斯自由能值求出反应的溶度积，从而求出生成硫化物沉淀的平衡pH值，也即开始出现硫化物沉淀的pH值。表4－2所列数值为某些金属硫化物在298K时的溶度积和开始出现硫化物沉淀的pH值。

表4－2 某些金属硫化物在298K时的溶度积与平衡pH值

金属硫化物	K_{sp}	$\lg K_{sp}$	平衡pH值	
			$a_{Me^{n+}}=1$	$a_{Me^{n+}}=10^{-4}$
FeS	1.32×10^{-17}	−16.88	2.9	4.9
NiS	2.82×10^{-20}	−19.55	2.25	4.25
CoS	1.80×10^{-24}	−21.64	1.3	3.3
ZnS	2.34×10^{-24}	−23.63	−0.4	1.6
CdS	2.14×10^{-26}	−25.67	−1.55	0.45
PbS	2.29×10^{-27}	−26.66	−2.45	−0.45
CuS	2.40×10^{-35}	−34.62	−6.1	−4.1

当溶液的pH值大于平衡pH值时，生成硫化物沉淀，且采用H_2S作硫化剂时，反应产生更强的酸，使溶液的pH值下降。因此，随着过程的进行应不断加入中和剂。控制溶液的pH值，可以选择性地沉淀溶度积小的金属硫化物，而让溶度积大的金属留在溶液中。

温度升高，硫化物的溶度积增加，不利于硫化沉淀，但H_2S解离度增大，又有利于硫化沉淀，且从动力学方面考虑，提高温度可以加快反应速度。H_2S在水溶液中的溶解度随温度的提高而下降，但提高H_2S的压力，H_2S的溶解度又能提高。总的来说，高温高压有利于硫化沉淀的进行。

4.2.2.2 置换沉淀净化法

在冶金中广泛应用置换沉淀法对溶液进行组分分离和除去某些杂质以进行净化。通常冶金中用一种金属作为置换剂从溶液中将另一种金属离子置换出来，作为置换剂的金属被氧化呈离子形态进入溶液中，被置换的金属离子被还原呈金属态析出。

A　置换沉淀的热力学分析

如果将负电性的金属加入到较正电性金属的盐溶液中，则较负电性的金属将从溶液中取代出较正电性的金属，而本身则进入溶液。如将锌粉加入到含有硫酸铜的溶液中，便会有铜沉淀析出，而锌则进入溶液中，其反应为：

$$CuSO_4 + Zn \xlongequal{\quad} Cu + ZnSO_4$$

$$Cu^{2+} + Zn \xlongequal{\quad} Cu + Zn^{2+}$$

将这种用较负电性的金属从溶液中取代出较正电性金属的反应称为置换沉淀。通常用负电性的金属锌去置换正电性较大的铜比较容易，而要置换较锌正的不多的镉就困难一些。在锌的湿法冶金中，用当量的锌粉可以很容易沉淀铜，除镉则要用多倍于当量的锌粉。在许多场合下，用置换沉淀法有可能完全除去溶液中被置换的金属离子。然而，置换过程不仅仅取决于热力学，还与一系列动力学因素有关。

B　影响置换过程的因素

温度对置换过程的速度和程度有很大影响。随着温度的升高，被置换的金属离子向阴极区段扩散的速度增大，化学极化急剧降低，阳极区段发生去钝化作用等等。因此，提高温度可以大大提高置换速度和程度。

生成物是否可溶决定了是否能用来进行置换沉淀。用于置换的金属必须和被置换金属结合形成可溶性化合物。如铁不能与氨组成可溶性的配合物，故铁不能用来置换氨液中的铜。

置换金属用量对置换过程也有一定影响。呈固相形态加入的置换的金属应该过量，这一点在欲除去极少量的较正电性的金属时特别重要。

置换金属的比表面积的影响。置换金属的比表面积愈大，置换反应便进行得愈迅速和愈完全。因此，置换金属必须磨细后再加入溶液，这是因为粒度愈细，置换金属的比表面积愈大。

搅拌对置换过程的影响。置换必须进行搅拌，这是因为搅拌可以除去沉积在置换金属表面上的被置换金属，以露出置换金属的新鲜活性表面。例如，用铁屑从铜溶液中置换铜时，一部分有时甚至全部的铁表面会被析出的铜所覆盖，而使铁表面变为惰性。因此，要加强搅拌，以除去铁表面上松软的沉淀铜。

溶液的阴离子和表面活性物质的作用也对置换过程有影响。例如在硝酸溶液中，置换过程对电位序规律有各种偏差发生，这是由于硝酸根离子还原为亚硝酸根离子比金属离子还原为金属更加容易的缘故。再如，氯离子可以使诸如镍等金属的表面不容易发生钝化，从而使氯化物溶液对镍置换更正电性金属离子是有利的。

4.2.2.3　共沉淀法净化

在湿法冶金过程中，物质在溶液中分散成具有吸附作用的胶体的现象是经常遇到的，如锌焙砂中性浸出时，产生的$Fe(OH)_3$就是一种胶体，$Fe(OH)_3$在沉淀的过程中能吸附砷、锑共沉淀。将这种利用胶体吸附特性除去溶液中的其他杂质的过程称为共沉淀法净化。

A 分散体系的概念

胶体在共沉淀法净化过程中具有非常重要的作用。因此先来了解胶体的相关知识。

一种物质分散成微粒分布在另一种物质中称为分散体系，被分散的物质称为分散质，分散质周围的介质称为分散剂。例如，锌焙砂中性浸出过程中产生的极细微粒氢氧化铁和电解质溶液所组成的体系，就是一种分散体系。溶液也是一种分散体系。

根据分散体系中分散质粒子大小的不同，把分散体系分为下列几类：

(1) 溶液分散质被分散成单个的分子或离子，其粒子直径在 1×10^{-7}cm 以下。

(2) 溶胶又称为胶体溶液，它的分散质是由许多分子聚集而成的颗粒，粒子直径在 $10^{-7}\sim10^{-5}$之间。

(3) 悬浊液分散质也是由许多分子聚集而成的颗粒，粒子直径在 $10^{-5}\sim10^{-3}$ cm 之间。

溶液是溶质以分子或离子状态分散在溶剂中形成的均相体系，溶质和溶剂没有物理相界面，它是稳定的体系。溶胶与悬浊液都属于胶体范围。在胶体中分散的粒子是许多分子的聚合体，分散质与分散剂之间有物理相界面，它是不稳定的多相体系。

胶体的分散质与分散剂可以是固体、液体或气体。在湿法冶金中常遇到的是固体分散质分散在水溶液中所形成的水溶胶。

B 胶体的基本特性

a 胶体的高度分散性与吸附能力

胶体中分散质颗粒很小，所以胶体具有高度的分散性，正是这种高度的分散性，使体系中的胶体粒子具有巨大的表面积，致使胶体粒子具有很大的吸附能力。

相同质量的同一物质，其表面积愈大，则吸引能力更强。所以粉碎得很细的固体由于总表面积很大，吸附能力也就增大。如木炭是多孔物质，由于总表面积很大，便具有较强的吸附能力，活性炭的总表面积更大，吸附能力更强。所以，在湿法冶金中常用活性炭来吸附净化除去某些杂质。

b 胶体的带电性

胶体溶液中的胶体之所以会带电，是因为胶体系统具有高度分散性，使胶粒具有巨大的总表面积，从而就有可能选择性地吸附溶液中的一种离子。胶体粒子的带电，正是由于胶体粒子的这种强吸附性所致。

大多数情况下，在稳定的胶体溶液中，胶体微粒所带电荷的多少虽有不同，但同一种类的胶体微粒所带电荷的符号却是相同的。实验表明：金属硫化物溶胶的离子一般带负电荷，金属氢氧化物溶胶粒子一般带正电荷。

对于整个胶体溶液来说是电中性的，这是由于胶粒质点的电荷被溶液中带相反电荷的离子所抵消的缘故。胶体带电对胶体的许多性质产生很大影响，特别是对其稳定性有很大影响。

c 胶体的稳定性

在湿法冶金中，时常看到反应生成的沉淀物，其大颗粒很快地下沉，而小颗粒在胶体范围内的粒子却很稳定地存在于电解质溶液中自由运动而不下沉，这种胶体粒子稳定地在电解质溶液中自由运动而不下沉的现象称为胶体的稳定性。其原因就是因为溶液中高度分散的胶体粒子具有扩散行为，能抵抗重力作用而免于下沉，即有动力稳定性；同时其微小的胶体粒子带电，形成扩散双电层，具有电动电位，能避免质点的聚结，即有不聚结稳定性。两种稳定性的共同作用，就维持了溶胶的稳定。

d 胶体的结构

目前对胶体粒子结构理论认识是：胶体粒子中心部分是由许多分子聚集而成的很小的微粒，称为胶核。在胶核的表面上吸附了一层一定种类的离子，而这种离子又吸引一部分带相反电荷的离子在它周围。这两层离子形成了胶核的吸附层，胶核和吸附层就是胶粒。由于吸附层中直接与胶核接近的离子在离胶核较远的地方运动，与胶核的联系较弱，它们便形成所谓的扩散层。以硅胶为例的结构示意图，如图4－1所示。

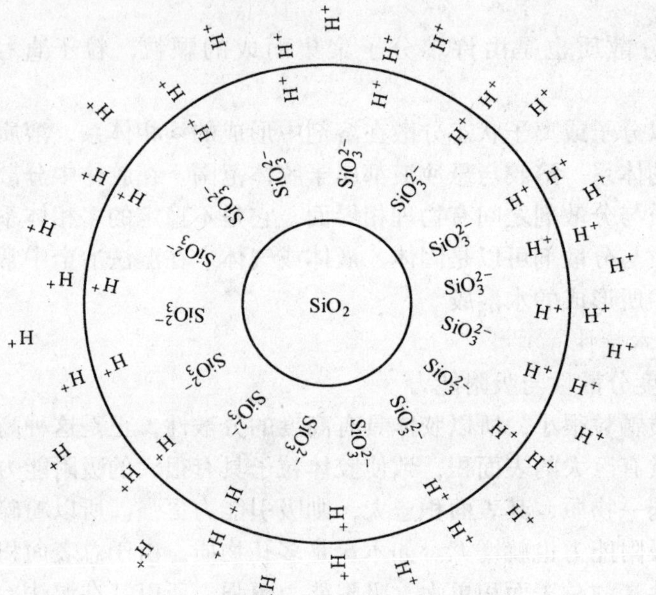

图4－1 硅胶的胶粒结构示意图

C 胶体的凝聚与吸附

在湿法冶金中，时常产生胶体溶液，这给下一步液固分离，如沉降、过滤带来许多困难。如钒液中的硅酸根离子易形成胶体，沉降效率不高，过滤时容易堵塞滤布，这对沉降过滤过程是非常致命的。因此，必须想办法使胶体溶液中的微小胶粒互相碰撞，进一步聚结成大粒，这样就会从溶液中迅速沉降，或易于过滤。这种作用称为胶体的凝集，或者称为破坏胶体，具体方法包括：

（1）加电解质。由于胶体粒子带有相同符号的电荷，它们互相排斥，而不能结成大颗粒沉降。如果向胶体溶液中加入一种电解质，这样就增加了溶液内离子的浓度，给带电的胶体粒子创造了吸引带相反电荷离子的条件。当它接触或吸引到相反电荷的离子时，胶体粒子所带电荷会部分或全部被中和，因而失去了胶体保持稳定性的条件。这样，胶体粒子在自由运动过程中，由于互相碰撞便会结合形成较大的粒子，造成凝聚而迅速下降。如加 Na_2CO_3、$Ca(OH)_2$ 等电解质进行中和除铁也是一种破坏胶体的措施。

（2）加热。加热电解质溶液可以减弱胶体对离子的吸附能力，从而减少所带电荷数；同时可以增强胶粒的运动能力，这样胶粒之间互相碰撞的机会增多，从而发生凝聚下沉。

此外，水溶液胶体，往往吸附水分子，在胶粒周围形成水膜，此水膜也阻碍胶体的凝聚。当加温时，可以破坏此水膜，也能促进胶粒的凝聚。因此，生产上常常采取加热的办法破坏胶体，促进胶粒凝聚长大，而使澄清与过滤较易进行。

（3）加凝聚剂。将某些有机物加入胶体溶液中，能使很小的胶体粒子很快就凝聚成大颗粒，这样达到迅速沉降的目的。这种能使胶粒凝聚的物质称为凝聚剂，又称为凝结剂或凝集剂。

在选择凝聚剂时，既要考虑它能加速沉降效果，还必须考虑对整个湿法冶金过程有没有危害。目前，在湿法冶金中最常用的凝聚剂是聚丙烯酰胺和各种动物胶。

4.2.3　教学实施建议

本任务内容理论性较强，文字表述较多，在教师的引导下，通过查阅资料、做实验进行小组学习和讨论，最终可用小组汇报的方式检查学习效果。

4.2.4　思考与练习

一、判断题

1. 净化的目的是为了获得纯度高的 V_2O_5 和排除某些杂质的污染。　（　　）
2. 相同质量的同一物质，其表面积愈小，则吸附能力愈强。　（　　）

二、简答题

1. 简述浸出液净化的目的。
2. 试举例说明置换过程的原理。
3. 简述用置换沉淀法除去溶液中金属杂质离子的原理和条件。
4. 简述氢氧化物沉淀顺序的规律。

学习情境5 氯 化 冶 金

任务5.1 认识“氯化冶金”

知识目标：

(1) 掌握金属氯化物的特点；
(2) 掌握氯化冶金的过程；
(3) 了解氯化冶金在工业中的应用。

能力目标：

能比较氯化冶金与其他冶金方法的优缺点。

5.1.1 任务描述

氯化冶金是利用氯化剂焙烧矿石，根据不同金属的氯化顺序，以及生成的氯化物的熔点、沸点及蒸气压等物理性质的差异，以达到金属相互间的分离提纯，或金属与其他氧化物的分离，制备液态或气态金属氯化物，用以新材料的制备与合成高纯原料。本任务主要讲解氯化冶金的基本概念、过程、特点及应用。

5.1.2 相关知识

5.1.2.1 氯化冶金过程

A 氯化反应及金属氯化物的特点

金属和金属的氧化物、硫化物或其他化合物在一定条件下大都能与化学活性很强的氯发生反应，生成金属氯化物。金属氯化物与该金属的其他化合物相比，具有熔点低、挥发性高、较易被还原、常温下易溶于水及其他溶剂等特点。各种金属氯化物的生成难易和性质上存在着明显的差异。

B 氯化冶金过程

氯化冶金过程主要包括氯化过程、氯化物分离过程、从氯化物中提取金属这几个基本过程。

氯化过程中氯化剂可以用气体，如 Cl_2、HCl 等；固体氯化剂有：$CaCl_2$、NaCl、$MgCl_2$ 等；加入添加剂以降低反应自由能。

例如 TiO_2 氯化使用 Cl_2 作为氯化剂：

$$\frac{1}{2}TiO_2(s) + Cl_2(g) = \frac{1}{2}TiCl_4(g) + \frac{1}{2}O_2(g)$$

该反应的 $\Delta G^{\ominus}=22050-6.9T$。

$$C+\frac{1}{2}O_2 = CO$$

该反应的 $\Delta G^{\ominus}=-27800-20.05T$。

$$C+\frac{1}{2}TiO_2(s)+Cl_2(g) = \frac{1}{2}TiCl_4(g)+CO(g)$$

该反应的 $\Delta G^{\ominus}=-5750-26.95T$(cal/mol)(1cal = 4.18J)。

故此反应在任何温度下都能进行。

又如 MnO 的氯化反应可使用固体氯化剂。

$$CaCl_2(l)+MnO(s) = MnCl_2(g)+CaO(s)$$

该反应的 $\Delta G^{\ominus}=43550-17.7T$，$\Delta G=\Delta G^{\ominus}+RT\ln p_{MnCl_2}$。

当分压 p_{MnCl_2} 下降时，自由能 ΔG 降低，有利于反应的进行。

氯化物分离过程中是使金属氯化物挥发分离，同时根据不同的金属氯化物的蒸气压及沸点的差异进行凝聚、分离。

从氯化物中提取金属过程是使金属与氯化物分离的过程。

C　氯化冶金的特点

氯化冶金具有以下优点：(1) 对原料的适应性强，可处理各种不同类型的原料，甚至液态粗金属；(2) 作业温度比其他火法冶金过程低；(3) 分离效率高，综合利用好。在高品位矿石资源逐渐枯竭的情况下，对储量很大的低品位、成分复杂难选的贫矿来说，氯化冶金将发挥它的作用。但是尚有三个问题待解决：(1) 提高氯化冶金的经济效益，其中提高氯化剂的利用效率和氯化剂的再生返回利用是关键性问题；(2) 继续解决氯化冶金设备的防腐蚀；(3) 环境保护。

5.1.2.2　氯化冶金的应用

在冶金中，氯化过程主要在以下工业生产过程得以应用。

A　氯化焙烧

按原料性质和下一步处理方法的不同，有中温氯化焙烧和高温氯化焙烧：前者是使被提取的金属氯化物在不挥发的条件下进行，所产生的氯化物可用水或其他溶剂浸取而与脉石分离；后者是在被提取的金属氯化物能挥发的温度下进行，所形成的氯化物呈蒸气状态挥发，与脉石分离，然后冷凝回收。此法用于菱镁矿（$MgCO_3$）和金红石（TiO_2）的氯化，以生产镁和钛，亦用于处理黄铁矿烧渣，综合回收铜、铅、锌、金、银等。

B　氯化离析

在矿石中加入适量的碳质还原剂（煤或焦炭）和氯化剂，在弱还原性气氛中加热，使有价金属成氯化物挥发，同时氯化物又在炭粒表面被还原为金属的过程称氯化离析。此法已用于处理某些低品位或难选氧化矿（如氧化铜矿）。

C　氯化熔炼

使要提取的金属氯化物呈熔融状态产出的过程称为氯化熔炼。例如通氯气于氧化镁和碳质还原剂的混合物中，使镁变成液态氯化镁。

D　氯化精炼

例如，液态粗铝中所含的杂质，如钠、钙和气体氢，或液态铅中所含的锌，都可用氯气进行精炼。氯化精炼的工业应用较少。

E 氯化浸取

在水溶液中进行的氯化过程，即湿法氯化，包括盐酸浸取、氯盐浸取、氯气浸取和电氯浸取。

氯化冶金对于处理复杂多金属矿石或低品位矿石以及难选矿石，从中综合分离提取各种有用金属特别合适，故此法在综合利用各种矿物资源方面占有重要的地位。

5.1.3 教学实施建议

本任务内容理论性较强，文字表述较多，学生学习过程中难以理解，在学习过程中，通过案例教学法，引出后续专业课程中氯化冶金的实际应用，让学生明白此部分的学习为哪些专业课打下基础，进而提高学生的学习兴趣；教师讲授时，应采用多媒体教室，将相关示意图与文字表述结合起来，使抽象、枯燥的文字生动有趣，提高课堂教学效果。

5.1.4 思考与练习

1. 氯化反应指____的反应。
2. 金属的氯化物相比其他化合物具有__________、__________、__________等特点。
3. 氯化冶金包括__________、__________、__________几个过程。
4. 氯化冶金就是将矿石（或冶金半成品）与__________混合，在一定条件下发生化学反应，使金属转变为氯化物再进一步将金属提取出来的方法。

任务 5.2 金属及金属氧化物氯化反应的热力学

知识目标：

(1) 掌握金属及金属氧化物的氯化反应规律；
(2) 理解氯势图在金属及金属氧化物的氯化反应中的应用；
(3) 了解氯化反应的工业应用。

能力目标：

(1) 会识读氯势图；
(2) 会根据氯势图判断各种物质的氯化顺序。

5.2.1 任务描述

在多数的冶金原料中，金属并非以氯化物形态存在，因此从原料中将非金属氯化物的氯化过程，显然是氯化冶金中最基本和最重要的过程。本任务主要讲解金属及金属氧化物氯化反应的热力学，进而判断反应的可行性。

5.2.2 相关知识

5.2.2.1 金属与氯的反应

氯的化学活泼性很强，所有金属氯化物的生产吉布斯自由能在一般冶金温度下均为负值，所以绝大多数很易被氯气氯化成金属氯化物。金属氯化物的生成吉布斯自由能 $\Delta_r G_m^{\ominus}$ 与温度的关系多数已被测出，可以在热力学手册、专著中查得，也可用图来表述。为了便于比较，都将其换算成以 1mol 氯气反应的标准生成吉布斯自由能变化，图 5-1 列出了金属氯化物的标准生成吉布斯自由能变化与温度的关系。

图 5-1 与氧势图类似，凡金属氯化物生成吉布斯自由能曲线越在图的下面，则表示该金属氯化物的生成吉布斯自由能越负，该金属越稳定，越难以分解。

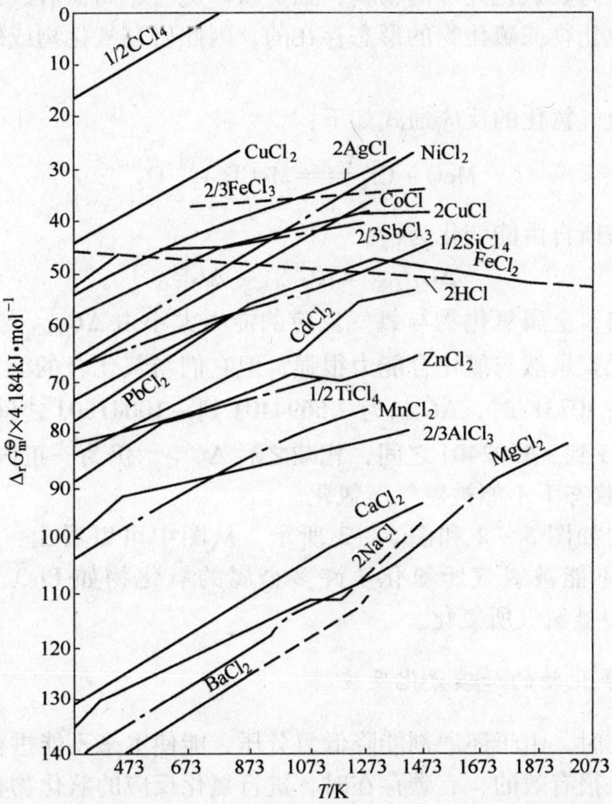

图 5-1　某些氯化物的 $\Delta_r G_m^{\ominus}-T$ 关系图

从图 5-1 可以看出，在一定温度下，曲线位置在下面的金属可以将曲线位置在上面的金属氯化物中的金属置换出来。

例如在 1273K 的温度下：

$$\mathrm{Mg + Cl_2 = MgCl_2} \qquad \Delta G^{\ominus}_{\mathrm{MgCl_2}} \tag{5-1}$$

$$-)\ \frac{1}{2}\mathrm{Ti} + \mathrm{Cl_2} = \frac{1}{2}\mathrm{TiCl_4} \qquad \frac{1}{2}\Delta G^{\ominus}_{\mathrm{TiCl_4}} \tag{5-2}$$

$$\mathrm{Mg} + \frac{1}{2}\mathrm{TiCl_4} = \mathrm{MgCl_2} + \frac{1}{2}\mathrm{Ti} \qquad \Delta G^{\ominus}_{(5-3)} \tag{5-3}$$

$$\Delta G^{\ominus}_{(5-3)} = \Delta G^{\ominus}_{\mathrm{MgCl_2}} - \frac{1}{2}\Delta G^{\ominus}_{\mathrm{TiCl_4}}$$

$MgCl_2$ 的生成吉布斯自由能曲线在下面，$\frac{1}{2}TiCl_4$ 的生成吉布斯自由能在上面，显然

$\Delta G^{\ominus}_{MgCl_2}$比$\frac{1}{2}\Delta G^{\ominus}_{TiCl_4}$更负，因此$\Delta G^{\ominus}_{(5-3)}$为负值，即反应（5－3）可以由左向右进行，所以镁可以把 $TiCl_4$ 中钛置换出来。工业上生产金属钛正是利用这种方法。当遇到需要将氯化物中金属还原出来的时候，也可以用类似方法选择还原剂。

5.2.2.2　金属氧化物与氯的反应

在冶金过程中有时要氯化处理的物料，如黄铁矿烧渣、高钛渣、低品位的贫矿等，其中的金属往往是以氧化物或硫化物的形态存在的，因此研究氧化物或硫化物的氯化作用更有实际意义。

金属氧化物被氯气氯化的反应通式如下：

$$MeO + Cl_2 \xlongequal{} MeCl_2 + \frac{1}{2}O_2 \tag{5-4}$$

反应的标准吉布斯自由能变化为：

$$\Delta G^{\ominus}_{(反应)} = \Delta G^{\ominus}_{MeCl_2} - \Delta G^{\ominus}_{MeO}$$

从上式可以看出，金属氧化物与氯气反应的能力大小由$\Delta G^{\ominus}_{MeCl_2}$与$\Delta G^{\ominus}_{MeO}$之差来决定。硅、铝、钛、镁等元素虽然与氯化合能力很强，但它们与氧化合的能力更强，其$\Delta G^{\ominus}_{MeO}$是一个很大的负值，在1073K时，$\Delta G^{\ominus}_{MeO}$为－669440J到－1004160J之间，它们的$\Delta G^{\ominus}_{MeCl_2}$在1073K时为－209200J到－460240J之间，相减之后$\Delta G^{\ominus}_{(反应)}$仍为一正值，因此$SiO_2$、$TiO_2$、$Al_2O_3$、MgO在标准状态下不能被氯气所氯化。

相关热力学数据如图5－2和图5－3所示。从图中可以看出：SiO_2、TiO_2、Al_2O_3、MgO在标准状态下不能被氯气所氯化。许多金属的氧化物如PbO、Cu_2O、CdO、NiO、ZnO、CoO、BiO可以被氯气所氯化。

5.2.2.3　金属氧化物的加碳氯化反应

在有还原剂存在时，由于还原剂能降低氧分压，能使本来不能进行的氯化反应变为可行。碳作为还原剂是很有效的，有碳存在时，进行氯化反应的氧化物将发生如下的反应：

$$MeO + Cl_2 \xlongequal{} MeCl_2 + \frac{1}{2}O_2 \tag{5-5}$$

$$C + O_2 \xlongequal{} CO_2 \tag{5-6}$$

$$C + \frac{1}{2}O_2 \xlongequal{} CO \tag{5-7}$$

由式（5－5）和式（5－6）得

$$2MeO + C + 2Cl_2 \xlongequal{} 2MeCl_2 + CO_2 \tag{5-8}$$

由式（5－5）和式（5－7）得

$$MeO + C + Cl_2 \xlongequal{} MeCl_2 + CO \tag{5-9}$$

当温度小于900K时，加碳氯化反应主要是按式（5－8）进行，高于1000K时，则按式（5－9）进行反应。

5.2.3　教学实施建议

本任务可以采取项目驱动教学法，以海绵钛生产过程中氯化工序为载体分析金属氧化

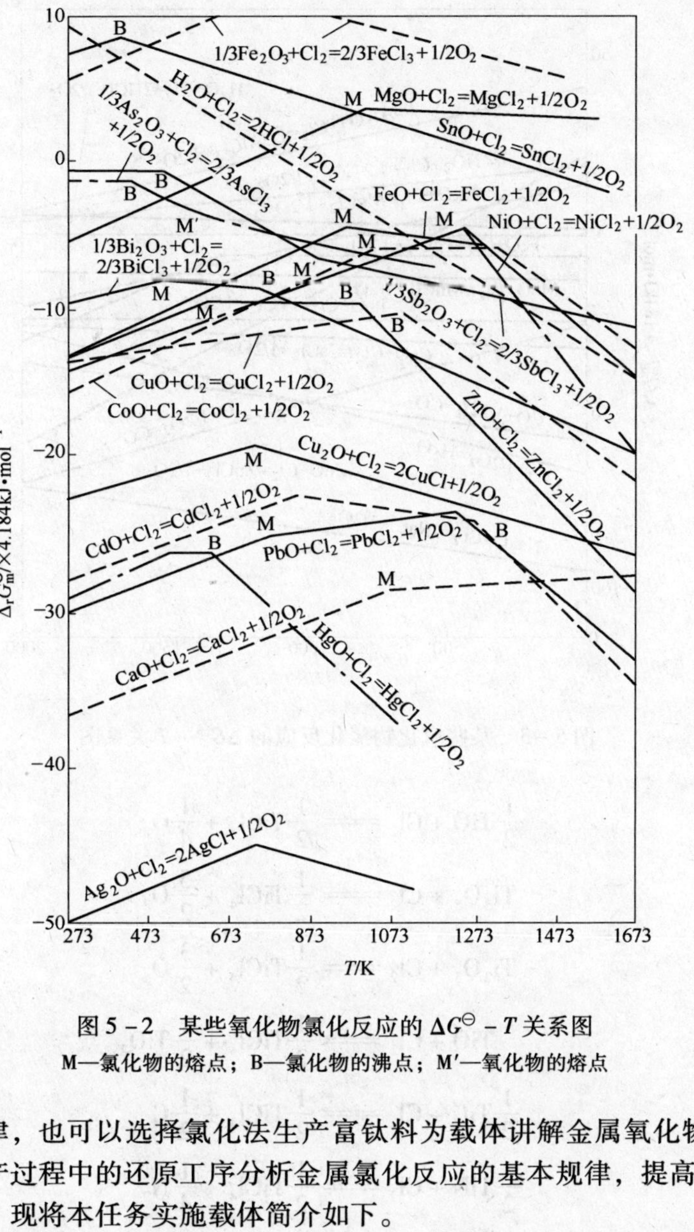

图 5－2　某些氧化物氯化反应的 $\Delta G^{\ominus}-T$ 关系图

M—氯化物的熔点；B—氯化物的沸点；M′—氧化物的熔点

物的氯化反应规律，也可以选择氯化法生产富钛料为载体讲解金属氧化物的氯化反应规律；以海绵钛生产过程中的还原工序分析金属氯化反应的基本规律，提高学生分析问题、解决问题的能力。现将本任务实施载体简介如下。

5.2.3.1　实际案例——分析高钛渣直接氯化的可行性

钛渣中的主要成分 TiO_2、Ti_3O_5、Ti_2O_3、TiO、TiC 及 TiN 等与 Cl_2 作用可能发生下列反应：

$$\frac{1}{2}TiO_2+Cl_2 = \frac{1}{2}TiCl_4+\frac{1}{2}O_2 \tag{5-10}$$

$$\frac{1}{6}Ti_3O_5+Cl_2 = \frac{1}{2}TiCl_4+\frac{5}{12}O_2 \tag{5-11}$$

$$\frac{1}{4}Ti_2O_3+Cl_2 = \frac{1}{2}TiCl_4+\frac{3}{8}O_2 \tag{5-12}$$

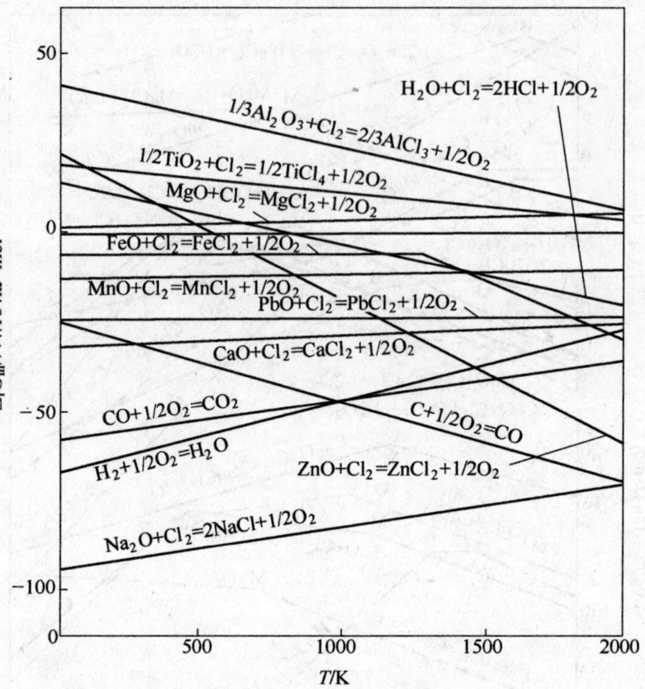

图 5－3 某些氧化物氯化反应的 $\Delta G^\ominus - T$ 关系图

$$\frac{1}{2}TiO + Cl_2 = \frac{1}{2}TiCl_4 + \frac{1}{4}O_2 \quad (5-13)$$

$$Ti_3O_5 + Cl_2 = \frac{1}{2}TiCl_4 + \frac{5}{2}O_2 \quad (5-14)$$

$$Ti_2O_3 + Cl_2 = \frac{1}{2}TiCl_4 + \frac{3}{2}O_2 \quad (5-15)$$

$$TiO + Cl_2 = \frac{1}{2}TiCl_4 + \frac{1}{2}TiO_2 \quad (5-16)$$

$$\frac{1}{2}TiC + Cl_2 = \frac{1}{2}TiCl_4 + \frac{1}{2}C \quad (5-17)$$

$$\frac{1}{2}TiN + Cl_2 = \frac{1}{2}TiCl_4 + \frac{1}{4}N_2 \quad (5-18)$$

图 5－4 列出了钛的氧化物直接氯化的 $\Delta G_T^\ominus - T$ 的关系，请利用图 5－4 分析高钛渣直接氯化反应的可行性。

5.2.3.2 实际案例——分析高钛渣加碳氯化的可行性

钛渣中的主要成分 TiO_2、Ti_3O_5、Ti_2O_3、TiO、TiC 及 TiN 等与 Cl_2 作用可能发生下列反应：

$$\frac{1}{2}TiO_2 + C + Cl_2 = \frac{1}{2}TiCl_4 + CO \quad (5-19)$$

$$\frac{1}{2}TiO_2 + C + Cl_2 = \frac{1}{2}TiCl_4 + \frac{1}{2}CO_2 \quad (5-20)$$

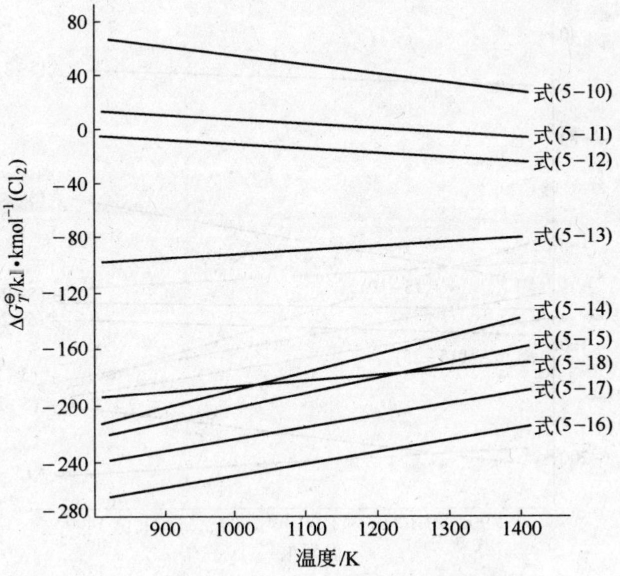

图 5-4　钛的氧化物直接氯化的 $\Delta G_T^\ominus - T$ 图

$$\frac{1}{2}TiO_2 + CO + Cl_2 = \frac{1}{2}TiCl_4 + CO_2 \qquad (5-21)$$

$$TiO_2 + C + 2Cl_2 = TiCl_4 + CO_2 \qquad (5-22)$$

$$\frac{1}{6}Ti_3O_5 + \frac{5}{6}C + Cl_2 = \frac{1}{2}TiCl_4 + \frac{5}{6}CO \qquad (5-23)$$

$$\frac{1}{6}Ti_3O_5 + \frac{5}{12}C + \frac{1}{2}Cl_2 = \frac{1}{4}TiCl_4 + \frac{5}{12}CO_2 \qquad (5-24)$$

$$\frac{1}{4}Ti_2O_3 + \frac{3}{4}C + Cl_2 = \frac{1}{2}TiCl_4 + \frac{3}{4}CO \qquad (5-25)$$

$$\frac{1}{4}Ti_2O_3 + \frac{3}{8}C + Cl_2 = \frac{1}{2}TiCl_4 + \frac{3}{8}CO_2 \qquad (5-26)$$

$$\frac{1}{2}TiO + \frac{1}{2}C + Cl_2 = \frac{1}{2}TiCl_4 + \frac{1}{2}CO \qquad (5-27)$$

$$\frac{1}{2}TiO + \frac{1}{4}C + Cl_2 = \frac{1}{2}TiCl_4 + \frac{1}{4}CO_2 \qquad (5-28)$$

请利用图 5-5 分析高钛渣氯化反应的可行性。

5.2.3.3　实际案例——选择氯化生产富钛料

选择性氯化法生产人造金红石是利用钛铁精矿中各组分与氯的反应能力不同来进行的。在钛铁精矿中有 CaO、MnO、FeO、V_2O_5、MgO、Fe_2O_3、TiO_2、Al_2O_3、SiO_2 等物质。在 850～950℃温度下，在有还原剂碳存在的情况时，精矿中各组分能与 Cl_2 作用发生氯化反应，请依据图 5-2 和图 5-3 分析各组分与 Cl_2 作用的顺序。

因此，在实际生产中往往通过控制配碳量或预氧化使 FeO 转变成 Fe_2O_3，氯化时可使

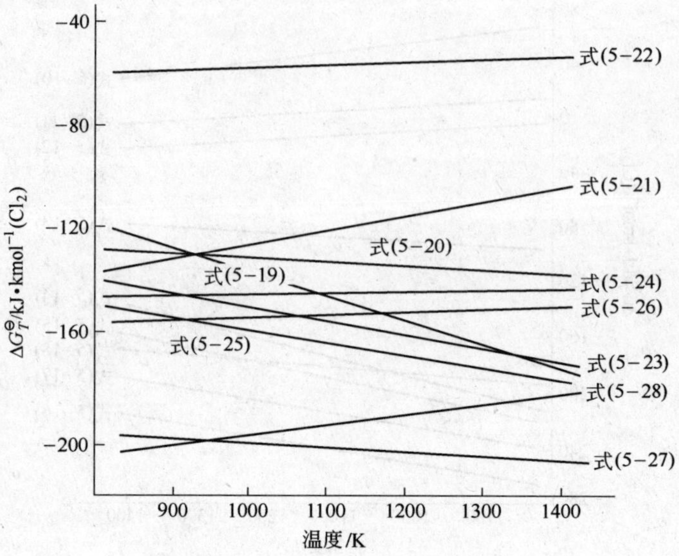

图5－5　钛的氧化物加碳氯化的 $\Delta G_T^\ominus - T$ 图

位于 TiO_2 前的那些组分优先氯化，并使铁以 $FeCl_3$ 形式挥发出来；而钙、镁、锰等的氧化物则转变为 $CaCl_2$、$MgCl_2$、$MnCl_2$ 等氯化物形式，它们虽难于挥发而残留在不被氯化的 TiO_2 中，但在下一步可通过水洗分离除去，从而得到人造金红石产品。

5.2.4　思考与练习

1. 四氯化钛还原最合适的还原剂是________和________。
2. 四氯化钛生产过程中直接氯化反应的 $\Delta G_T^\ominus$ ________ 0，说明反应________；加碳氯化反应的 $\Delta G_T^\ominus$ ________ 0，说明反应________，故目前工业上经常采用________由高钛渣生产四氯化钛。
3. 根据钛铁矿中各组分与 Cl_2 的反应能力的差异来生产人造金红石的方法是________。
4. 请解释铁精矿选择氯化法生产富钛料的基本原理。

任务5.3　金属氧化物氯化反应的动力学

知识目标：

（1）掌握氯化反应的机理；
（2）了解控制步骤的基本含义。

能力目标：

会利用氯化反应的机理分析提高氯化反应速度的因素。

5.3.1　任务描述

如果氯化反应可行，那么在工业生产的过程中则需要考虑如何合理地控制反应过程、提高反应速率。本任务主要介绍氯化反应的动力学知识。

5.3.2　相关知识

当用氯气作为氯化剂来氯化金属氧化物时,氯化反应在气、固相之间进行,反应为多相反应,有关多相反应动力学的一般规律对于氯化反应也完全适用。气、固之间的反应如下：

$$MeO(s) + Cl_2(g) \Longrightarrow MeCl_2(s) + \frac{1}{2}O_2(g) \tag{5-29}$$

一般由五个步骤组成：

(1) 气相反应物向固相反应物表面扩散；

(2) 气相反应物在固相表面被吸附；

(3) 被吸附的气相反应物与固相反应物发生反应；

(4) 气相产物在固相表面解吸；

(5) 气相产物经扩散离开固相表面。

五个步骤中反应速度最慢的一步限制整个反应的速度，称为反应的控制步骤。在实际的工业生产中一般采取加快控制步骤的速度来提高反应速率。

对金属氧化物被氯气氯化的反应，在较低温度下，化学反应速度较慢，此时常常是第三步骤为控制步骤。当温度升高时煤化学反应速度增加较快，这时扩散速度虽然在低温时高，但和反应速度比较，则扩散速度相对地变慢，此时常常是扩散速度为控制步骤。当化学反应速度决定了多项反应的速度时称反应处于“动力学区”；当扩散速度决定了多项反应的速度时称反应处于“扩散区”。

弄清反应过程处于“动力学区”或是处于“扩散区”，对于在生产实际中强化反应过程，提高反应速度有指导意义。如果反应处于“动力学区”，则可以用提高反应温度，增加固相反应物的细度等方法来提高反应速度；如果反应处于“扩散区”，则除了用提高温度的方法来提高扩散速度外，还可以用加大气流速度等方法来提高扩散速度。

5.3.3　教学实施建议

本部分内容理论性较强，比较抽象，文字表述较多，学生学习过程中难以理解，在学习过程中，通过案例教学法，引出后续专业课程中氯化冶金的实际应用，让学生明白此部分的学习为哪些专业课打下基础，进而提高学生的学习兴趣；教师讲授时，应采用多媒体教室，将相关示意图与文字表述结合起来，使抽象、枯燥的文字生动有趣，提高课堂教学效果。

5.3.4　思考与练习

1. 氧化物的氯化反应当温度低时，__________速度决定多相反应的速度；温度高时，__________速度决定多相反应的速度。

2. 何为控制步骤?

附　录

物质的标准摩尔生成焓、标准摩尔生成吉布斯函数、标准摩尔熵和摩尔定压热容（100kPa）

物　质	$\Delta_f H_m$(298.15K) /kJ·mol^{-1}	$\Delta_f G_m$(298.15K) /kJ·mol^{-1}	S_m(298.15K) /J·(K·mol)$^{-1}$	$C_{p,m}$(298.15K) /J·(K·mol)$^{-1}$
Ag(s)	0	0	42.712	25.48
Ag_2CO_3(s)	−506.14	−437.09	167.36	
Ag_2O(s)	−30.56	−10.82	121.71	65.57
Al(s)	0	0	28.315	24.35
Al(g)	313.80	273.2	164.553	
Al_2O_3-α	−1669.8	−2213.16	0.986	79.0
$Al_2(SO_4)_3$(s)	−3434.98	−3728.53	239.3	259.4
Br(g)	111.884	82.396	175.021	
Br_2(g)	30.71	3.109	245.455	35.99
Br_2(l)	0	0	152.3	35.6
C(g)	718.384	672.942	158.101	
C(金刚石)	1.896	2.866	2.439	6.07
C(石墨)	0	0	5.694	8.66
CO(g)	−110.525	−137.285	198.016	29.142
CO_2(g)	−393.511	−394.38	213.76	37.120
Ca(s)	0	0	41.63	26.27
CaC_2(s)	−62.8	−67.8	70.2	62.34
$CaCO_3$(方解石)	−1206.87	−1128.70	92.8	81.83
$CaCl_2$(s)	−795.0	−750.2	113.8	72.63
CaO(s)	−635.6	−604.2	39.7	48.53
$Ca(OH)_2$(s)	−986.5	−896.89	76.1	84.5
$CaSO_4$(硬石膏)	−1432.68	−1320.24	106.7	97.65
Cl(aq)	−167.456	−131.168	55.10	
Cl_2(g)	0	0	222.948	33.9
Cu(s)	0	0	33.32	24.47
CuO(s)	−155.2	−127.1	43.51	44.4
Cu_2O-α	−166.69	−146.33	100.8	69.8
F_2(g)	0	0	203.5	31.46
Fe-α	0	0	27.15	25.23
$FeCO_3$(s)	−747.68	−673.84	92.8	82.13
FeO(s)	−266.52	−244.3	54.0	51.1
Fe_2O_3(s)	−822.1	−741.0	90.0	104.6

续表

物 质	$\Delta_f H_m$(298.15K) /kJ·mol^{-1}	$\Delta_f G_m$(298.15K) /kJ·mol^{-1}	S_m(298.15K) /J·(K·mol)$^{-1}$	$C_{p,m}$(298.15K) /J·(K·mol)$^{-1}$
Fe_3O_4(s)	-117.1	-1014.1	146.4	143.42
H(g)	217.94	203.122	114.724	20.80
H_2(g)	0	0	130.695	28.83
D_2(g)	0	0	144.884	29.20
IIBr(g)	-36.24	-53.22	198.60	29.12
HBr(aq)	-120.92	-102.80	80.71	
HCl(g)	-92.311	-95.265	186.786	29.12
HCl(aq)	-167.44	-131.17	55.10	
H_2CO_3(aq)	-698.7	-623.37	191.2	
HI(g)	-25.94	-1.32	206.42	29.12
H_2O(g)	-241.825	-228.577	188.823	33.571
H_2O(l)	-285.838	-237.142	69.940	75.296
H_2O(s)	-291.850	(-234.03)	(39.4)	
H_2O_2(l)	-187.61	-118.04	102.26	82.29
H_2S(g)	-20.146	-33.040	205.75	33.97
H_2SO_4(l)	-811.35	(-866.4)	156.85	137.57
H_2SO_4(aq)	-811.32			
HSO_4(aq)	-885.75	-752.99	126.86	
I_2(s)	0	0	116.7	55.97
I_2(g)	62.242	19.34	260.60	36.87
N_2(g)	0	0	191.598	29.12
NH_3(g)	-46.19	-16.603	192.61	35.65
NO(g)	89.860	90.37	210.309	29.861
NO_2(g)	33.85	51.86	240.57	37.90
N_2O(g)	81.55	103.62	220.10	38.70
N_2O_4(g)	9.660	98.39	304.42	79.0
N_2O_5(g)	2.51	110.5	342.4	108.0
O(g)	247.521	230.095	161.063	21.93
O_2(g)	0	0	205.138	29.37
O_3(g)	142.3	163.45	237.7	38.15
OH^-(aq)	-229.940	-157.297	-10.539	
S(单斜)	0.29	0.096	32.55	23.64
S(斜方)	0	0	31.9	22.60
S(g)	222.80	182.27	167.825	
SO_2(g)	-296.90	-300.37	248.64	39.79
SO_3(g)	-395.18	-370.40	256.34	50.70
SO_4^{2-}(aq)	-907.51	-741.90	17.2	

注：本附录数据主要取自 Handbook of Chemistry and Physics，70 th Ed.，1990；Editor John A. Dean，Lange's Handbook of Chemistry，1967。

参 考 文 献

[1] 高职高专化学教材编写组．物理化学［M］．4 版．北京：高等教育出版社，2013.
[2] 傅献彩，沈文霞，姚天扬，侯文华．物理化学［M］．北京：高等教育出版社，2006.
[3] 郑溪娟．冶金物化原理［M］．北京：冶金工业出版社，2012.
[4] 郭汉杰．冶金物理化学教程［M］．北京：冶金工业出版社，2004.
[5] 黄希祜．钢铁冶金原理［M］．3 版．北京：冶金工业出版社，2002.
[6] 傅崇说．有色冶金原理［M］．2 版．北京：冶金工业出版社，1993.
[7] 卢宇飞．冶金原理［M］．北京：冶金工业出版社，2011.
[8] 韩明荣，张生芹，陈建斌，等．冶金原理［M］．北京：冶金工业出版社，2010.
[9] 赵俊学，张丹力，马杰，等．冶金原理［M］．西安：西北工业大学出版社，2002.
[10]［苏］泽里克曼 A H，等．稀有金属冶金学［M］．宋晨光，等译．北京：冶金工业出版社，1982.
[11] 李洪桂．稀有金属冶金原理及工艺［M］．北京：冶金工业出版社，1981.
[12] 闫旭，等．湿法冶金新工艺新技术及设备选型应用手册［M］．北京：冶金工业出版社，2006.